冶金工程概论

朱明春　汤纪忠　葛　铮　主编

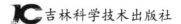吉林科学技术出版社

图书在版编目（CIP）数据

冶金工程概论 / 朱明春, 汤纪忠, 葛铮主编. -- 长
春：吉林科学技术出版社, 2024.5
ISBN 978-7-5744-1350-4

I. ①冶… II. ①朱… ②汤… ③葛… III. ①冶金－
高等学校－教材 IV. ①TF

中国国家版本馆 CIP 数据核字(2024)第 098012 号

冶金工程概论

YEJIN GONGCHENG GAILUN

作　　者　朱明春　汤纪忠　葛　铮
出 版 人　宛　霞
责任编辑　杨超然
封面设计　树人教育
制　　版　树人教育
幅面尺寸　185mm×260mm
开　　本　16
字　　数　180 千字
印　　张　8.5
印　　数　1-1500 册
版　　次　2024 年 5 月第 1 版
印　　次　2025 年 1 月第 1 次印刷
出　　版　吉林科学技术出版社
发　　行　吉林科学技术出版社
地　　址　长春市南关区福祉大路 5788 号出版大厦 A 座
邮　　编　130118
发行部电话/传真　0431—81629529　81629530　81629531
　　　　　　　　　81629532　81629533　81629534
储运部电话　0431-86059116
编辑部电话　0431-81629510
印　　刷　长春市华远印务有限公司
书　　号　ISBN 978-7-5744-1350-4
定　　价　52.00 元

前　言

冶金工程是研究从矿石中提取有价金属或其化合物并进行加工成材料的应用性学科，研究的是冶金工程领域科学开发应用、工程设计与实施、技术攻关与技术改造、新技术推广与应用、工程规划与冶金企业管理等方面的内容。

本书《冶金工程概论》主要概述了是冶金工程的基本概念和具体冶炼方法。本书分为七章，第一章为全书的绪论部分，主要介绍与冶金相关的概念和分类。第二章至第六章分别介绍铁的冶炼、钢的冶炼、有色金属冶炼、金属压力加工以及金属成型方法；第七章主要介绍环境与环境保护的概念。本书《冶金工程概论》从基础概念到技术工艺，从基本了解到深入分析，通过各个章节全面阐释了冶金工程的各个层面。

本书在撰写的过程中，参考、借鉴、引用了国内外冶金领域知名专家学者们的宝贵研究资料和实验结果，在此对相关专家学者们表示感谢。书内所使用资料大部分已标注在文后的参考文献中，但由于篇幅限制以及文献来源准确度问题，个别文献难免有遗漏的情况，望相关专家海涵。作者在撰写本书的过程中，得到了相关专家、同事、领导的帮助与支持，在此一并表达谢意！

本书《冶金工程概论》既可作为高等学校冶金工程专业本科生的专业教材，也可作为从事相关领域工作的广大科技人员和工程技术人员的参考书。

目 录

第一章　绪论

第一节　冶金介绍

冶金，是指从矿物中提取金属或金属化合物，用各种加工方法将金属制成具有一定性能的金属材料的过程和工艺。

冶金具有悠久的发展历史，从石器时代到随后的青铜器时代，再到近代钢铁冶炼的大规模发展。人类发展的历史融合了冶金的发展历史。

冶金的技术主要包括火法冶金、湿法冶金以及电冶金。随着物理化学在冶金中成功应用，冶金从工艺走向科学，于是有了大学里的冶金工程专业。

一、工艺历史

在30亿~40亿年前，茫茫宇宙中诞生了地球。宇宙好比是一个高温冶炼炉，将还原的金属向中心聚集，沉在地球的中心成为地核（Fe、Ni金属熔体），然后金属的表面形成硫化物层（熔锍），再在表面形成氧化物层（渣），最后在金属熔体及渣的外表面包围一层大气层（相当于温度压力气氛），于是人类赖以生存的地球形成了。

冶金，从古代陶术中发展而来。首先是冶铜。铜的熔点相对较低，随着陶术的发展，陶术需要的工作温度越来越高，达到铜的熔点温度。而在陶术制作过程中，在一些有铜矿的地方制作陶术，铜自然成了附生物质而被发现。随着经验的慢慢积累，古人也逐渐掌握了铜的冶炼方法。

二、主要技术

（一）火法冶金

火法冶金是在高温条件下进行的冶金过程。矿石或精矿中的部分或全部矿物在高温下经过一系列物理化学变化，生成另一种形态的化合物或单质，分别富集在气体、液体或固体产物中，达到所要提取的金属与脉石及其他杂质分离的目的。实现火法冶金过程所需热能，通常是依靠燃料燃烧来供给，也有依靠过程中的化学反应来供给的，比如，硫化矿的氧化焙烧和熔炼就无须由燃料供热；金属热还原过程也是自热进行的。火法冶金包括：干燥、焙解、焙烧、熔炼，精炼，蒸馏等过程。

（二）湿法冶金

湿法冶金是在溶液中进行的冶金过程。湿法冶金温度不高，一般低于100℃，现代湿法冶金中的高温高压过程，温度也不过200℃左右，极个别情况温度可达300℃。湿法冶金包括：浸出、净化、制备金属等过程。

浸出用适当的溶剂处理矿石或精矿，使要提取的金属成某种离子（阳离子或络阴离子）形态进入溶液，而脉石及其他杂质则不溶解，这样的过程叫浸出。浸出后经沉清和过滤，得到含金属（离子）的浸出液和由脉石矿物绢成的不溶残渣（浸出渣）。对某些难浸出的矿石或精矿，在浸出前常常需要进行预备处理，使被提取的金属转变为易于浸出的某种化合物或盐类。例如，转变为可溶性的硫酸盐而进行的硫酸化焙烧等，都是常用的预备处理方法。

（三）电冶金

电冶金是利用电能提取金属的方法。根据利用电能效应的不同，电冶金又分为电热冶金和电化冶金。

（1）电热冶金是利用电能转变为热能进行冶炼的方法。在电热冶金的过程中，按其物理化学变化的实质来说，与火法冶金过程差别不大，两者的主要区别只是冶炼时热能来源不同。

（2）电化冶金（电解和电积）是利用电化学反应，使金属从含金属盐类的溶液或熔体中析出。前者称为溶液电解，如铜的电解精炼和锌的电积，可列入湿法冶金一类；后者称为熔盐电解，不仅利用电能的化学效应，而且也利用电能转变为热能，借以加热金属盐类使之成为熔体，故也可列入火法冶金一类。从矿石或精矿中提取金属的生产工艺流程，常常是既有火法过程，又有湿法过程，即使是以火法为主的工艺流程，比如，硫化锅精矿的火法冶炼，最后还需要有湿法的电解精炼过程；而在湿法炼锌中，硫化锌精矿还需要用高温氧化焙烧对原料进行炼前处理。

三、技术原理

冶金就是将金属溶液中的杂质（非意向元素）通过熔融（加热到熔点之上）进行造渣、除渣给予消除，同时某些化学成分通过除渣、脱碳、去氧等得到相对的纯净合金成分的过程。再精细的精炼过程一般就属于金属铸造厂。

涉及金属成型行业，比如矿石加工冶炼（黑色金属、有色金属）毛坯的粗炼；毛坯的再加工炼钢厂、炼铁厂、有色金属提纯（一般体现的是铸造厂居多）。

四、行业分类

冶金工业可以分黑色冶金工业和有色冶金工业，黑色冶金主要指包括生铁、钢和铁合金（如铬铁、锰铁等）的生产，有色冶金指包括除后者之外其余所有各种金属的生产。

另外冶金可以分为稀有金属冶金工业和粉末冶金工业。

五、发展历史

2007年，中国钢铁行业取得了增长较快、结构优化、效益提高、节能国际钢铁界的地位和影响提高的显著成绩。生产粗钢48924.08万t，比上年增加6625.22万t，增长15.66%；生产生铁46944.63万t，比上年增加6189.22，总体呈较快增长态势。2008年第一季度中国钢铁产品出口同比下降了19.3%，但出口金额却同比上升7.6%。

中国冶金工业科技水平正在走强，"大而弱"的声音已经降调。中国应当以提高一步提高冶金工业科技水平。

六、注意事项

（一）炼铁生产

炼铁生产工艺设备复杂、作业种类多、作业环境差，劳动强度大。炼铁生产过程中存在的主要危险源有：烟尘、噪声、高温辐射、铁水和熔渣喷溅与爆炸、高炉煤气中毒、高炉煤气燃烧爆炸、煤粉爆炸、机具及车辆伤害、高处作业危险等。根据历年事故数据统计，炼铁生产中的主要事故类别按事故发生的次数排序分别为：灼烫、机具伤害、车辆伤害、物体打击、煤气中毒和各类爆炸等事故。此外，触电、高处坠落事故以及尘肺病、硅肺病和慢性一氧化碳中毒等职业病也经常发生。

导致事故发生的主要原因为：人为因素、管理原因和物质原因三个方面。人为原因中主要是违章作业，其次是误操作和身体疲劳。管理原因中最主要的是不懂或不熟悉操作技术，劳动组织不合理；其次是现场缺乏检查指导，安全规程不健全，以及技术和设计上的缺陷。物质原因中主要是设施（备）工具缺陷，个体防护用品缺乏或有缺陷；其次是防护保险装置有缺陷和作业环境条件差。

（二）炼钢生产

炼钢生产中高温作业线长，设备和作业种类多，起重作业和运输作业频繁，主要危险源有：高温辐射、钢水和熔渣喷溅与爆炸、氧枪回火燃烧爆炸、煤气中毒、车辆伤害、起重伤害、机具伤害、高处坠落伤害等。炼钢生产的主要事故类别有：氧气回火、钢水和熔渣喷溅等引起的灼烫和爆炸，起重伤害，车辆伤害，机具伤害，物体打击，高处坠落，以及触电和煤气中毒事故。

统计表明，炼钢生产安全事故的主要原因有：人为的违章作业和误操作，作业环境条件不良，设备有缺陷，操作技术不熟悉，作业现场缺乏督促检查和指导，安全规程不健全或执行不严格，操作技术不熟悉，个体防护措施和用品有缺陷或缺乏等。

（三）轧钢生产

轧钢生产主要由加热、轧制和精整三个主要工序组成，生产过程中工艺、设备复杂，作业频繁，作业环境温度高，噪声和烟雾大。主要危险源有：高温加热设备，高温物流，高速运转的机械设备，煤气氧气等易燃易爆和有毒有害气体，有毒有害化学制剂，电气和液压设施，能源、起重运输设备，以及作业、高温、噪声和烟雾影响等。

根据冶金行业综合统计，轧钢生产过程中的安全事故在整个冶金行业中较为严重，高于全行业的平均水平，事故的主要类别为：机械伤害、物体打击、起重伤害、灼烫、高处坠落、触电和爆炸等。事故的主要原因依次为：违章操作和误操作，技术设备缺陷和防护装置缺陷，安全技术和操作技术不熟悉，作业环境条件缺陷，以及安全规章制度执行不严格等。

（四）冶金生产

1. 煤气生产过程中存在的主要危险及事故类别和原因

冶金生产中大量产生和使用煤气的有：高炉煤气，焦炉煤气，转炉煤气，发生炉煤气和铁合金煤气。各种煤气的组成成分及所占百分比各不相同，主要成分为一氧化碳、氢气、甲烷、氮气、二氧化碳等。煤气是冶金生产中主要的危险源之一，其主要危害是腐蚀、毒害、燃烧和爆炸。煤气事故的主要类别有：急性中毒和窒息事故，燃烧引起的火灾和灼烫事故，爆炸形成的爆炸伤害和破坏事故。

冶金生产过程中导致煤气事故发生的主要原因分别是：违章操作或误操作，设备（施）及防护装置的自身缺陷，安全技术知识缺乏，现场缺乏检查指导和监护措施，监护装置与个体防护用品缺乏或有缺陷，以及事故预防与救护措施不完善等。

2. 氧气生产过程中存在的主要危险源及事故类别和原因

冶金生产过程中大量使用氧气。氧气易助燃，几乎与一切可燃物都可进行燃烧，与其他可燃气体按一定的比例混合后极易发生爆炸，其主要危险是易燃烧和易爆炸。氧气燃烧时通常温度很高，火势很猛，灾害严重，氧气燃烧导致的灼烫和烧伤事故往往烧伤面积大、深度深，难以治愈。氧气爆炸时通常强度很大、很猛烈，冲击性、破坏性和毁灭性极强。冶金生产过程中导致氧气事故发生的原因主要是氧气燃烧或助燃造成的火灾、烧伤事故和氧气爆炸形成的爆炸事故，其伤害和破坏程度都很严重。分析统计表明，冶金生产中引发氧气事故的主要原因是：人为的违章操作和误操作，设备设施装置的缺陷，以及缺乏安全技术知识和操作不熟练等。

（五）有色金属

有色金属冶炼生产包括铜、铅、锌、铝和其他稀有金属和贵重金属的冶炼和加工，其生产过程具有设备、工艺复杂，设备设施、工序工种量多面广，交叉作业，频繁作业，危险因素多等特点。主要危险源有：高温，噪声，烟尘危害，有毒有害、易燃易爆气体和其他物质中毒、燃烧及爆炸危险，各种炉窑的运行和操作危险，高处坠落事故等。

根据对以往事故的统计分析，有色金属冶炼生产安全事故的主要原因是：违章作业和不熟悉、不懂安全操作技术，工艺设备缺陷和技术设计缺陷，防护装置失效或缺陷，现场缺乏检查和指导，安全规章制度不完善或执行不严，以及作业环境条件不良等。

（六）黄金冶炼

黄金冶炼生产过程中存在的主要危险源有：高温，噪声，烟尘危害，氰化物和汞中毒，易燃易爆气体和其他物质中毒，燃烧及爆炸危险，以及高处坠落事故等。

根据对以往事故的统计分析，违章操作或误操作、设备（施）及防护装置自身缺陷，安全技术知识缺乏，现场缺乏检查指导，监护措施、监护装置与个体防护用品缺乏或有缺陷，以及事故预防与救护措施不完善等。

（七）有色冶金

有色金属的生产，包括地质勘探、开采、加工、冶炼和加工等过程。随着科学技术的发展，物理、化学先进技术不断运用到有色金属冶金技术的革新中，使得有色冶金技术取得了新的进展。火法冶金由于自身的诸多不足已经逐步被淘汰；现在大多有色冶金企业及研究团队多以湿法冶金和电冶金为主进行生产及研究。

有色冶金技术的不断革新面临着诸多的挑战，有色冶金正朝着绿色环保、海洋资源利用及金属替代品的开发等方向发展；但工业发展与环境保护的矛盾，海洋资源利用技术难度大、金属替代品研发及生产成本高的问题仍没得到有效的方法解决。

考虑到诸多影响因素，相对上述研究方向二次资源回收再利用的研究前景是较广阔的；如果切实做到将前期实验室的研发成果应用到后期的生产线上，将是有色冶金技术的又一重大突破[①]。

第二节 冶金工程介绍

冶金工程专业是一门研究从矿石中提取有价金属或其化合物并进行加工成材料的应用性学科，培养的是冶金工程领域科学研究与开发应用、工程设计与实施、技术攻关与技术改造、新技术推广与应用、工程规划与冶金企业管理等方面的专门人才。

一、国内发展

冶金工程领域是研究从矿石等资源中提取金属或化合物，并制成具有良好的使用性能和经济价值的材料的工程技术领域。尽管"十二五"期间冶金工业淘汰落后产能及结构重组成为重头戏，但置换落后产能以及结构重组必将带来先进产能的建设。

2008—2010年，我国黑色金属固定资产投资额处于平稳增长阶段，三年平均增长率为8.65%。黑色金属采矿业方面，鉴于我国铁矿石受制于国际三大矿商，国内铁矿石开采投资力度远大于冶炼加工环节；而2010年冶炼加工环节的投资也出现强劲反弹，其投资额增长率由上年的负增长回升至8.08%，可见我国黑色金属工业形势回暖。与黑色金属不同的是，有色金属采矿业投资及冶炼加工环节投资都处于较好的增长态势，增速较高时达到30%~40%。

2011年上半年，我国黑色金属采矿业投资512.91亿元，同比增长18.60%；黑

---

① 崔志强，倪海涛，邓莹.浅谈有色冶金的技术现状与发展 [J].广州化工，2014 (17)：43-44，126.

色金属冶炼及压延加工业投资 1662.70 亿元，同比增长 14.80%；有色金属采矿业投资 472.15 亿元，同比增长 15.80%；有色金属冶炼及压延加工业投资 1613.17 亿元，同比增长 30.70%。冶金工业固定资产投资的稳定增长，直接带动工程市场的增长，冶金工程企业迎来金融危机后的又一波增长契机。

从工程项目的增长潜力来看，黑色金属工业中的采矿业具备较好的增长潜力。2008—2011 年，黑色金属采矿业投资额比重呈稳步上升趋势。纵观我国钢铁市场形势，拥有铁矿石资源才是王道，因此铁矿石勘探开采工程投资比重仍将不断上升。有色金属工业中的冶炼及压延加工业与采矿业的投资比重相对比较稳定，但冶炼及压延加工业的投资增速较快，近两年均处于 30% 以上，值得工程企业继续关注并投资。本报告长期对冶金工程行业跟踪搜集的资讯，全面而准确地为您从行业的整体高度来架构分析体系。报告主要分析了冶金工程行业的市场环境；冶金工程勘察设计、承包、监理各个环节的发展现状；黑色金属、有色金属采矿及冶炼加工的固定资产投资情况；钢铁工程市场建设现状及发展前景；有色金属工程市场建设现状及前景；冶金工程行业海外投资情况；冶金工程各个环节典型企业经营情况；冶金工程行业项目管理、工程造价及风险提示[①]。

二、专业介绍

冶金工程领域是研究从矿石等资源中提取金属或金属化合物，并制成具有良好的使用性能和经济价值的材料的工程技术领域。

冶金是国民经济建设的基础，是国家实力和工业发展水平的标志，它为机械、能源、化工、交通、建筑、航空航天工业、国防军工等各行各业提供所需的材料产品。现代工业、农业、国防及科技的发展对冶金工业不断提出新的要求并推动着冶金学科和工程技术的发展，反过来，冶金工程的发展又不断为人类文明进步提供新的物质基础。

冶金工程技术的发展趋势是不断汲取相关学科和工程技术的新成就进行充实、更新和深化，在冶金热力学、金属、熔锍、熔渣、熔盐结构及物性等方面的研究会更加深入，建立智能化热力学、动力学数据库，加强冶金动力学和冶金反应工程学的研究，应用计算机逐步实现对冶金全流程进行系统最优设计和自动控制。冶金生产技术将实现生产柔性化、高速化和连续化，达到资源、能源的充分利用及生态环境的最佳保护。随着冶金新技术、新设备、新工艺的出现，冶金产品将在支撑经济、国防及高科技发展上发挥愈来愈重要的作用。

---

① 张密.冶金工程设计的发展策略探究［J］.山东工业技术，2017，（19）：88.

冶金工程与许多学科密切相关，相互促进发展。冶金工程包括：钢铁冶金、有色金属冶金两大类。冶金物理化学是冶金工程的应用理论基础。该工程领域与材料工程、环境工程、矿业工程、控制工程、计算机技术等工程领域及物理、化学、工程热物理等基础学科密切联系，相互促进，共同发展[①]。

三、领域范围

冶金工程的领域范围，可分为两大类：黑色冶金和有色冶金。从研究方向和技术性质可细分为：

(1) 冶金过程和材料合成的物理化学理论及应用。

(2) 矿物的资源综合利用及冶炼过程中的环境保护。

(3) 钢铁冶炼工艺、技术、装备及生产系统的设计、施工等。

(4) 凝固加工技术。

(5) 冶金过程模拟仿真。

(6) 纯洁钢制造技术。

(7) 钢铁制造流程的解析和综合集成。

(8) 有色冶金过程电化学冶金原理、工艺、技术的应用、固态离子学及其相关理论在冶金和材料中的应用。

(9) 有色冶过程中湿法冶金和粉体工程。

(10) 有色金属功能材料的开发与应用等[②]。

四、专业特点

高新技术和学科发展相结合是本专业的一大特点。主要体现在以下两个方面：一是通过冶金过程的优化和新技术开发最大限度地满足相关产业对高品质冶金材料的要求，二是最大限度地减少冶金生产的资源和能源消耗，减少对环境的污染。这也是本专业的前沿主攻方向。考虑到中国冶金行业清洁化生产水平低和特有的复合矿资源多样化的特点等因素，该专业不仅要致力于研究流程中废弃物的"四化"（即减量化、再资源化、再能源化和无害化）处理综合技术，而且还要对复合矿冶炼技术进行环保和经济意义上的评价和指导，并在此原则下开发复合矿的综

---

①张密.冶金工程设计的发展策略探究［J］.山东工业技术，2017，(19)：88.

②张密.冶金工程设计的发展策略探究［J］.山东工业技术，2017，(19)：88.

合利用技术，最终实现中国高品质冶金材料的生态化生产[①]。

五、研究领域

根据以上特点，冶金工程专业主要有三大研究方向。一是冶金物理化学方向：学习内容包括冶金新理论与新方法、冶金与材料物理化学、材料制备物理化学、冶金和能源电化学等。二是冶金工程方向：学习内容包括钢铁和有色金属冶金新工艺、新技术和新装备的研究、现代冶金基础理论和冶金工程软科学、冶金资源的综合利用、优质高附加值冶金产品的制造和特殊材料的制备技术等。三是能源与环境工程方向：学习内容包括冶金工程环境控制、燃料的清洁燃烧与能源极限利用、工艺节能与余能回收、工业固体废弃物、城市垃圾处理、大气污染控制、技术及新产品的开发与试验工作等。这些广泛的分支领域构成了冶金工程的重要组成部分，极大地推进了冶金材料行业的发展与国家的工业建设。

与此同时，冶金工程技术也在不断汲取相关学科和工程技术的新成就进行充实、更新和深化，在冶金热力学、冶金动力学、金属结构、熔锍结构、熔渣结构、熔盐结构等方面的研究会更加深入。随着冶金新技术、新设备、新工艺的出现，冶金产品将在超纯净和超高性能等方面发展[②]。

---

① 黄润，陈朝轶.浅析冶金工程专业人才培养现状［J］.云南化工，2017，（07）：113-115.

② 黄润，陈朝轶.浅析冶金工程专业人才培养现状［J］.云南化工，2017，（07）：113-115.

第二章　铁冶金

第一节　铁的冶炼

将金属铁从含铁矿物（主要为铁的氧化物）中提炼出来的工艺过程，主要有高炉法，直接还原法，熔融还原法，等离子法。从冶金学角度而言，炼铁即是铁生锈、逐步矿化的逆行为，简单地说，从含铁的化合物里把纯铁还原出来。实际生产中，纯粹的铁不存在，得到的是铁碳合金。

一、基本概述

在高温下，用还原剂将铁矿石还原得到生铁的生产过程。炼铁的主要原料是铁矿石、焦炭、石灰石、空气。铁矿石有赤铁矿（Fe_2O_3）和磁铁矿（Fe_3O_4）等。铁矿石的含铁量叫作品位，在冶炼前要经过选矿，除去其他杂质，提高铁矿石的品位，然后经破碎、磨粉、烧结，才可以送入高炉冶炼。焦炭的作用是提供热量并产生还原剂一氧化碳。石灰石是用于造渣除脉石，使冶炼生成的铁与杂质分开。炼铁的主要设备是高炉。冶炼时，铁矿石、焦炭和石灰石从炉顶进料口由上而下加入，同时将热空气从进风口由下而上鼓入炉内，在高温下，反应物充分接触反应得到铁。高炉炼铁是指把铁矿石和焦炭，一氧化碳，氢气等燃料及熔剂（从理论上说把金属活动性比铁强的金属和矿石混合后高温也可炼出铁来）装入高炉中冶炼，去掉杂质而得到金属铁（生铁）[①]。

---

① 张寿荣，于仲洁.中国炼铁技术60年的发展［J］.钢铁，2014，49（07）：8-14.

二、化学原理

高炉生产是连续进行的。一代高炉（从开炉到大修停炉为一代）能连续生产几年到十几年。生产时，从炉顶（一般炉顶是由料钟与料斗组成，现代化高炉是钟阀炉顶和无料钟炉顶）不断地装入铁矿石、焦炭、熔剂，从高炉下部的风口吹进热风（1000～1300℃），喷入油、煤或天然气等燃料。装入高炉中的铁矿石，主要是铁和氧的化合物。在高温下，焦炭中和喷吹物中的碳及碳燃烧生成的一氧化碳将铁矿石中的氧夺取出来，得到铁，这个过程叫作还原。铁矿石通过还原反应炼出生铁，铁水从出铁口放出。铁矿石中的脉石、焦炭及喷吹物中的灰分与加入炉内的石灰石等熔剂结合生成炉渣，从出铁口和出渣口分别排出。煤气从炉顶导出，经除尘后，作为工业用煤气。现代化高炉还可以利用炉顶的高压，用导出的部分煤气发电。

三、基本流程

高炉冶炼是把铁矿石还原成生铁的连续生产过程。铁矿石、焦炭和熔剂等固体原料按规定配料比由炉顶装料装置分批送入高炉，并使炉喉料面保持一定的高度。焦炭和矿石在炉内形成交替分层结构。

（一）炉前操作

1.利用开口机、泥炮、堵渣机等专用设备和各种工具，按规定的时间分别打开渣、铁口（现今渣铁口合二为一），放出渣、铁，并经渣铁沟分别流入渣、铁罐内，渣铁出完后封堵渣、铁口，以保证高炉生产的连续进行。

2.完成渣、铁口和各种炉前专用设备的维护工作。

3.制作和修补撇渣器、出铁主沟及渣、铁沟。

4.更换风、渣口等冷却设备及清理渣铁运输线等一系列与出渣出铁相关的工作。

（二）高炉基本操作制度

高炉炉况稳定顺行：一般是指炉内的炉料下降与煤气流上升均匀，炉温稳定充沛，生铁合格，高产低耗。

操作制度：根据高炉具体条件（如高炉炉型、设备水平、原料条件、生产计划及品种指标要求）制定的高炉操作准则。

高炉基本操作制度：装料制度、送风制度、炉缸热制度和造渣制度。

1.高炉。横断面为圆形的炼铁竖炉。用钢板作炉壳，壳内砌耐火砖内衬。高炉本体自上而下分为炉喉、炉身、炉腰、炉腹、炉缸5部分。由于高炉炼铁技术经济指标良好，工艺简单，生产量大，劳动生产效率高，能耗低等优点，故这种方法生产的铁占世界铁总产量的绝大部分。高炉生产时从炉顶装入铁矿石、焦炭、造渣用熔剂（石灰石），从位于炉子下部沿炉周的风口吹入经预热的空气。在高温下焦炭（有的高炉也喷吹煤粉、重油、天然气等辅助燃料）中的碳同鼓入空气中的氧燃烧生成的一氧化碳和氢气，在炉内上升过程中除去铁矿石中的氧，从而还原得到铁。炼出的铁水从铁口放出。铁矿石中未还原的杂质和石灰石等熔剂结合生成炉渣，从渣口排出。产生的煤气从炉顶排出，经除尘后，作为热风炉、加热炉、焦炉、锅炉等的燃料。高炉冶炼的主要产品是生铁，还有副产品高炉渣和高炉煤气。

2.高炉热风炉。热风炉是为高炉加热鼓风的设备，是现代高炉不可缺少的重要组成部分。提高风温可以通过提高煤气热值、优化热风炉及送风管道结构、预热煤气和助燃空气、改善热风炉操作等技术措施来实现。理论研究和生产实践表明，采用优化的热风炉结构、提高热风炉热效率、延长热风炉寿命是提高风温的有效途径。

3.铁水罐车。铁水罐车用于运送铁水，实现铁水在脱硫跨与加料跨之间的转移或放置在混铁炉下，用于高炉或混铁炉等出铁。

四、发展过程

我国炼铁始于春秋时代。那时候的炼铁方法是块炼铁，即在较低的冶炼温度下，将铁矿石固态还原获得海绵铁，再经锻打成的铁块。冶炼块炼铁，一般采用地炉、平地筑炉和竖炉3种。我国在掌握块炼铁技术的不久，就炼出了含碳2%以上的液态生铁，并用以铸成工具。战国初期，我国已掌握了脱碳、热处理技术方法，发明了韧性铸铁。战国后期，又发明了可重复使用的"铁范"（用铁制成的铸造金属器物的空腹器）。

西汉时期，出现坩埚炼铁法。同时，炼铁竖炉规模进一步扩大。1975年，在郑州附近古荥镇发现和发掘出汉代冶铁遗址，场址面积达12万 m^2，发掘出两座并列的高炉炉基，高炉容积约50m^3。西汉时期还发明了"炒钢法"，即利用生铁"炒"成熟铁或钢的新工艺，产品称为炒钢。同时，还兴起"百炼钢"技术。东汉（公元25—220年），光武帝时，发明了水力鼓风炉，即"水排"。我国古代水排的发明，大约比欧洲早1100多年。

汉代以后，发明了灌钢方法。《北齐书·綦母怀文传》称为"宿钢"，后世称为灌钢，又称为团钢。这是中国古代炼钢技术的又一重大成就。

据《中华百科要览》记载：中国是最早用煤炼铁的国家，汉代时已经试用，宋、元时期已普及。到明代（公元1368—1644年）已能用焦炭冶炼生铁。在公元

14~15世纪之际，铁的产量曾超过2000万斤，折合约为1.2万t。西方最先开始工业革命的英国，约晚两个世纪，才达到这个水平。

总的来看，中国古代钢铁发展的特点与其他各国不同。世界上长期采用固态还原的块炼铁和固体渗碳钢，而中国铸铁和生铁炼钢一直是主要方法。由于铸铁和生铁炼钢法的发明与发展，中国的冶金技术在明代中叶以前一直居世界先进水平。

19世纪下半叶清政府发展近代军事工业，制造枪炮、战舰，大量输入西方国家生产的钢铁。1867年进口钢约8250t，1885年约9万t，1891年增加到170万担（约13万t）。进口钢逐渐占领了中国的市场，使传统的冶铁业难以维持生产，而国内钢铁消耗量又不断增加。因此近代钢铁工业的兴起就成为时代的需要。

1874年（清同治十三年），直隶总督李鸿章、船政大臣沈葆桢请开煤铁，以济军需，上允其请，命于直隶磁州、福建、台湾试办。1875年，直隶磁州煤铁矿向英国订购熔铁机器，因运道艰远未能成交。此事表明，当时已开始注重举办新式钢铁事业。1886年，贵州巡抚潘蔚创办青厂，先用土炉，后从英国订购炼铁、炼钢设备，1888年安装完毕。终因清廷腐败，缺乏资金、煤和铁矿石，加上不善管理，无人精通技术，而于1893年停办。这是兴办近代钢铁厂的一次尝试。

五、事故预防

1.炼铁厂煤气中毒事故危害最为严重，死亡人员多，多发生在炉前和检修作业中。预防煤气中毒的主要措施是提高设备的完好率，尽量减少煤气泄漏[①]。

2.在易发生煤气泄漏的场所安装煤气报警器；

3.进行煤气作业时，煤气作业人员佩带便携式煤气报警器，并派专人监护。

4.炉前还容易发生烫伤事故，主要预防措施是提高装备水平，作业人员要穿戴防护服。原料场、炉前还容易发生车辆伤害和机具伤害事故。

5.烟煤粉尘制备、喷吹系统，当烟煤的挥发分超过10％时，可发生粉尘爆炸事故。为了预防粉尘爆炸，主要采取控制磨煤机的温度、控制磨煤机和收粉器中空气的氧含量等措施。我国多采用喷吹混合煤的方法来降低挥发分的含量。

---

①李维国.中国炼铁技术的发展和当前值得探讨的技术问题［J］.宝钢技术，2014，（02）：1-17.

六、生产安全

（一）炼铁安全生产的主要特点

炼铁是将铁矿石或烧结球团矿、锰矿石、石灰石和焦炭按一定比例予以混匀送至料仓，然后再送至高炉，从高炉下部吹入1000℃左右的热风，使焦炭燃烧产生大量的高温还原气体煤气，从而加热炉料并使其发生化学反应。在1100℃左右铁矿石开始软化，1400℃熔化形成铁水与液体渣，分层存于炉缸。之后，进行出铁、出渣作业。

炼铁生产所需的原料、燃料，生产的产品与副产品的性质，以及生产的环境条件，给炼铁人员带来了一系列潜在的职业危害。例如，在矿石与焦炭运输、装卸、破碎与筛分，烧结矿整粒与筛分过程中，都会产生大量的粉尘；在高炉炉前出铁场，设备、设施、管道布置密集，作业种类多，人员较集中，危险有害因素最为集中，如炉前作业的高温辐射，出铁、出渣会产生大量的烟尘，铁水、熔渣遇水会发生爆炸；开铁口机、起重机造成的伤害等；炼铁厂煤气泄漏可致人中毒，高炉煤气与空气混合可发生爆炸，其爆炸威力很大；喷吹烟煤粉可发生粉尘爆炸；另外，还有炼铁区的噪声，以及机具、车辆的伤害等。如此众多的危险因素，威胁着生产人员的生命安全和身体健康。[①]

（二）炼铁生产的主要安全技术

1.高炉装料系统安全技术

装料系统是按高炉冶炼要求的料坯，持续不断地给高炉冶炼。装料系统包括原料燃料的运入、储存、放料、输送以及炉顶装料等环节。装料系统应尽可能地减少装卸与运输环节，提高机械化、自动化水平，使之安全地运行。

（1）运入、储存与放料系统。大中型高炉的原料和燃料大多数采用胶带机运输，比火车运输易于自动化和治理粉尘。储矿槽未铺设隔栅或隔栅不全，周围没有栏杆，人行走时有掉入槽的危险；料槽形状不当，存有死角，需要人工清理；内衬磨损，进行维修时的劳动条件差；料闸门失灵常用人工捅料，如料突然崩落往往造成伤害。放料时的粉尘浓度很大，尤其是采用胶带机加振动筛筛分料时，作业环境更差。因此，储矿槽的结构应是永久性的、十分坚固的。各个槽的形状应该做到自动顺利下料，槽的倾角不应该小于50°，以消除人工捅料的现象。金属矿槽应安装振动器。钢筋混凝土结构，内壁应铺设耐磨衬板；存放热烧结矿的内

---

①郭培民，赵沛，庞建明，曹朝真.熔融还原炼铁技术分析［J］.钢铁钒钛，2009，30（03）：1-9.

衬板应是耐热的。矿槽上必须设置隔栅，周围设栏杆，并保持完好。料槽应设料位指示器，卸料口应选用开关灵活的阀门，最好采用液压闸门。对于放料系统应采用完全封闭的除尘设施。

（2）原料输送系统。大多数高炉采用料车斜桥上料法，料车必须设有两个相对方向的出入口，并设有防水防尘措施。一侧应设有符合要求的通往炉顶的人行梯。卸料口卸料方向必须与胶带机的运转方向一致，机上应设有防跑偏、打滑装置。胶带机在运转时容易伤人，所以必须在停机后，方可进行检修、加油和清扫工作。

（3）顶炉装料系统。通常采用钟式向高炉装料。钟式装料以大钟为中心，由大钟、料斗、大小钟开闭驱动设备、探尺、旋转布料等装置组成。采用高压操作必须设置均压排压装置。做好各装置之间的密封，特别是高压操作时，密封不良不仅使装置的部件受到煤气冲刷，缩短使用寿命，甚至会出现大钟掉到炉内的事故。料钟的开闭必须遵守安全程序。为此，有关设备之间必须连锁，以防止人为的失误。

2.供水与供电安全技术

高炉是连续生产的高温冶炼炉，不允许发生中途停水、停电事故。特别是大、中型高炉必须采取可靠的措施，保证安全供电、供水。

（1）供水系统安全技术。高炉炉体、风口、炉底、外壳、水渣等必须连续给水，一旦中断便会烧坏冷却设备，发生停产的重大事故。为了安全供水，大中型高炉应采取以下措施：供水系统设有一定数量的备用泵；所有泵站均设有两路电源；设置供水的水塔，以保证柴油泵启动时供水；设置回水槽，保证在没有外部供水情况下维持循环供水；在炉体、风口供水管上设连续式过滤器；供、排水采用钢管以防破裂。

（2）供电安全技术。不能停电的仪器设备，万一发生停电时，应考虑人身及设备安全，设置必要的保安应急措施。设置专用、备用的柴油机发电组。

计算机、仪表电源、事故电源和通信信号均为保安负荷，各电器室和运转室应配紧急照明用的带铬电池荧光灯。

3.煤粉喷吹系统安全技术

高炉煤粉喷吹系统最大的危险是可能发生爆炸与火灾。

为了保证煤粉能吹进高炉又不致使热风倒吹入喷吹系统，应视高炉风口压力确定喷吹罐压力。混合器与煤粉输送管线之间应设置逆止阀和自动切断阀。喷煤风口的支管上应安装逆止阀，由于煤粉极细，停止喷吹时，喷吹罐内、储煤罐内的储煤时间不能超过 $8 \sim 12h$。煤粉流速必须大于 $18m/s$。罐体内壁应圆滑，曲线过渡，管道应避免有直角弯。

4.高炉安全操作技术

（1）开炉的操作技术。开炉工作极为重要，处理不当极易发生事故。开炉前应做好如下工作：进行设备检查，并联合检查；做好原料和燃料的准备；制定烘炉曲线，并严格执行；保证准确计算和配料。

（2）停炉的操作技术。停炉过程中，煤气的一氧化碳浓度和温度逐渐增高，再加上停炉时喷入炉内水分的分解使煤气中氢浓度增加。为防止煤气爆炸事故，应做好如下工作：处理煤气系统，以保证该系统蒸气畅通；严防向炉内漏水。在停炉前，切断已损坏的冷却设备的供水，更换损坏的风渣口；利用打水控制炉顶温度在400~500℃之间；停炉过程中要保证炉况正常，严禁休风；大水喷头必须设在大钟下。设在大钟上时，严禁开关大钟。

5.高炉维护安全技术

高炉生产是连续进行的，任何非计划休风都属于事故。因此，应加强设备的检修工作，尽量缩短休风时间，保证高炉正常生产。

为防止煤气中毒与爆炸应注意以下几点：

（1）在一、二类煤气作业前必须通知煤气防护站的人员，并要求至少有2人进行作业。在一类煤气作业前还须进行空气中一氧化碳含量的检验，并佩戴氧气呼吸器。

（2）在煤气管道上动火时，须先取得动火票，并做好防范措施。

（3）进入容器作业时，应首先检查空气中一氧化碳的浓度，作业时，除要求通风良好外，还要求容器外有专人进行监护。

炼铁生产事故的预防措施和技术

炼铁厂煤气中毒事故危害最为严重，死亡人员多，多发生在炉前和检修作业中。预防煤气中毒的主要措施是提高设备的完好率，尽量减少煤气泄漏；在易发生煤气泄漏的场所安装煤气报警器；进行煤气作业时，煤气作业人员佩带便携式煤气报警器，并派专人监护。

炉前还容易发生烫伤事故，主要预防措施是提高装备水平，作业人员要穿戴防护服。原料场、炉前还容易发生车辆伤害和机具伤害事故。

烟煤粉尘制备、喷吹系统，当烟煤的挥发分超过10%时，可发生粉尘爆炸事故。为了预防粉尘爆炸，主要采取控制磨煤机的温度、控制磨煤机和收粉器中空气的氧含量等措施。我国多采用喷吹混合煤的方法来降低挥发分的含量。

第二节　高碳锰铁冶炼

现代工业生产中，高碳锰铁可用于炼钢脱氧剂与合金添加剂中，富锰渣可用于低磷锰硅合金材料的生产。当前行业内锰硅产品市场盈利率较低，为了提高锰渣产品的附加值，提高产品利润率，有必要对高碳锰铁的冶炼工艺加以控制和改进。本文详细介绍了高碳锰铁的成功生产经验，通过矿渣选型改进，优选电流电压，避峰生产等措施使高碳锰铁生产操作方式得以优化，同时基于高碳锰铁生产原理做好原料搭配，使高碳锰铁的冶炼工艺得到很好的控制。

近几年高碳锰铁的研发与生产已经成为行业的关注重点。为了提高生产企业的市场竞争力，企业纷纷采用电路碳热法完成了低磷高碳锰铁的生产。实际上，该方法会让高碳锰铁的磷含量出现一定程度的波动，通过合理渣型选择，电极下放与位置控制，从而生产出稳定的低磷高碳锰铁产品，实现原有工艺的优化控制。

一、高碳锰铁的冶炼方法

高碳锰铁属于一种高品质低杂质的纯净铁合金材料，材料内P和S的含量较低，矿热法生成高碳锰铁需要经过三个阶段。首先，锰矿石热分解与固相还原，炉料中锰矿石需要同时接触高温和CO气体，CO气体主要从熔池逸出，高价氧化物受热后分解，再被CO还原。其次，液态碳化锰生成，具有稳定性，同温度之间存在紧密的联系，在一定的冶炼温度下，MnO无法被CO还原，此时炉料中液态MnO只可以和碳质还原剂产生直接接触反应。最后，液态碳化锰脱磷，炉料当中存在的P_2O_5能够被C、Mn还原，一般情况下P会有70%进入合金，5%残留在渣中，剩下的全部挥发。为了生产出低磷高碳锰铁，在生产过程中除了要合理控制原料中的P和Mn配比之外，还要加强对冶炼脱磷过程的有效控制。高碳锰铁生产期间，磷和锰能够生成多种物质，比如Mn_5P_2、MnP_2、MnP等物质，其中Mn_5P_2的应用最稳定。

二、高碳锰铁的原料搭配

高碳锰铁在生产过程中需要用到的原料是锰矿与焦炭。锰矿选择时应明确烧结标准，Mn含量超过30%，Mn/Fe控制在3.0左右，粒度5~150mm即可，低于5mm粒度的锰矿总量不宜超过8%。锰矿在使用中需要按照标识堆放，不能出现混杂的情况，也不能与泥土或者有害杂物相互混合。焦炭在选择时应做好材料的合理搭配，在高碳锰铁生产工艺中，焦炭的变化会直接影响炉料电阻、炉渣成分的变化。在使用焦炭时，要求固定碳比例在82%左右，最低不能少于78%，粒度在5~25mm范围内，低于5mm粒度的含量不能超过10%。焦炭材料在应用期间，应确保粒度分级合理，由于焦炭由几个粒度级组成，每个粒度级范围应尽可能地避免出现上下限波动的情况，粒度级区间在20mm以内，每个焦炭应由两个以上粒度级组成，通过粒度级的均衡搭配保持材料稳定，也保证炉料按照自上而下的原则与焦炭之间充分接触，使材料之间的接触面积保持合理状态。

三、高碳锰铁冶炼的工艺控制

（一）优选出炉次数，明确电极糊柱高度

高碳锰铁生产过程中，电炉大小的不同会使出炉次数存在差异，建议根据电炉自身特征合理确定出炉次数。电炉在高碳锰铁生产中主要包含熔化阶段、还原阶段以及精炼阶段三部分，前两者的反应速度决定了电炉的产量，而精炼阶段决定了电炉的实际回收率。电炉的熔化速度应保持与还原、精炼速度相互匹配，如果熔化速度超过还原精炼速度，电炉中就会呈现出成渣块的现象；如果熔化速度低于还原精炼速度，说明此时难熔易还原。除了优选出炉次数，还要优选电极糊柱高度。高碳锰铁生产工艺中，电极糊柱高度和烧结速度、电极强度有着紧密联系。如果糊柱高，电极烧结速度就会比较慢，此时烧结强度比较好，挥发时可以从电极内沿着外壳和烧结电极的缝隙挥发，同时对熔化电极糊有一定的搅拌作用。如果糊柱低，那么烧结速度就比较快，挥发就会向上挥发，烧结强度不太理想。不同容量的电炉，其实际糊柱高度也会存在差异，电路容量较大，糊柱高度就会相对较高；电炉容量较小，糊柱高度也会比较低。正常情况下，高碳锰铁在生产过程中，电炉容量在12.5~25MVA范围内，糊柱高度会保持在3000~3500mm之间，超过25MVA容量的电炉，其糊柱高度也会超过4500mm。

（二）科学选择料面厚度

高碳锰铁生产工艺中，料面厚度指的是高炉炉膛深度和高出炉口料面之和，料面高度指的就是炉口上部或下部的高度。这一参数关系到焦炭使用量、高炉炉口温度以及电极下插深度，几项参数关系紧密。电极的端部距离炉底可以是电极直径长度的0.9倍。如果高碳锰铁冶炼中料面比较低，电极即使能够下插到有效位置，也会因为料面薄而炉口温度高的情况，给生产工艺造成热损失。如果料面适当，且炉口温度、电极下插深度、焦炭的配入量保持合理状态，各项生产指标良好，此时高碳锰铁的生产效率也会提高，焦炭量可以满足生产需求。总的来说，生产时料面适当高一些会得到更好的生产效果，如果料面比较高，建议适当减少焦炭用量，以此优化二次电压手段，让电极可以深插，从而达到良好的高碳锰铁冶炼效果。

（三）电极下放与位置控制

电极下放时，操作人员需要每天提出电极下放的工作指令，根据指令完成下放，给出合理的下放区间。下放时需要合理控制压放程度，尽量保持在20mm左右，最多不超过30mm。出炉的前30分钟和出炉时不能压放电极，放电极的同时应当适时抬电极，尽量减少电流，确保总耗电得到控制。此外，操作人员必须每

天了解电极糊柱高度，掌握高碳锰铁生产时各项参数，观察循环水的温度变化情况，按照运行周期调整炉况和电压等下放量。生产中，电极位置的高低取决于变压器的应用，与变压器是否允许应用二次电压和二次电流有关，这些控制方式统称为操作电阻。如果操作电阻较小，那么电极就容易下插，此时电极处于中下限操作；如果操作电阻比较大，生产时不易下插，此时就处于中上限操作。因此，确定变压器使用参数和具体炉料后，高碳锰铁生产的电极位置也会跟着确定下来，想要改变的话需要调整变压器参数与炉料电阻，通过增加炉料电阻来达到减小操作电阻的目的。电极位置的确定与变压器参数、炉料电阻确定有关，高低浮动都是正常现象，不需要额外调整。高碳锰铁在生产期间可以试着采取测量电极长度的方法，通过电极长度判断电极下插位置，使焦炭配入量更加合理。

（四）优选电流电压，优化操作

高碳锰铁冶炼时的热能多数来源于电能，按照欧姆定律和焦耳定律电流，经过导体产生的热量是 $Q=I^2RT$，即单位时间内做的热功，热功率和经过导体的电流强度与电阻保持正比关系，为了保证炉中高温足够，应科学选择电压，优化电流电压，使高碳锰铁冶炼效果更加理想。实际操作中，需要明确以下工作思路：（1）遵循以精料进入高炉的配料原则，进入炉内的原料综合磷的质量分数不宜超过 0.065%，焦炭当中磷质量分数在 0.02% 以上，石灰磷质量分数低于 0.01%。（2）高碳锰铁冶炼期间，应做好配料的有效管理，尽可能地提升炉渣监督，使用 SiO_2 质量分数比较低的矿石材料，以便有足够的焦炭配入其中，提升电炉炉膛的温度，尽可能地减少渣量，降低电能消耗，提高矿石锰的回收率，避免高碳锰铁冶炼中造成不必要的浪费。（3）高碳锰铁生产需要大量应用高锰矿，应用后电极容易上浮，建议采取低面料的操作方式，使炉料布料保持均匀，透气性良好，在高碳锰铁生产期间及时推料，降低热能损失，保持炉温，方便磷化物随着炉气及时挥发。生产完成后应确保炉渣排放干净，防止电极上抬或者料面翻渣，保证良好的炉内使用状况。（4）经过生产实践，高碳锰铁冶炼中会采用较高的二次电压，通过二次电压提升入炉功率，将电极工作段尽量控制在 1.7m 左右，在保持三相电极平衡的同时深插炉膛，使炉膛温度达到适宜状态。

（五）科学选择渣型

渣型的选择是生产高碳锰铁的关键，锰与硅需要从硅酸锰中还原，为了降低 SiO_2 还原，可以适当提升炉渣碱度和炉温，碱度从以往的 0.3 提升到 0.6 即可改善炉渣流动性，方便渣铁顺利排出，从而降低高碳锰铁合金中的硅含量，确保电极可以深插其中。在炉渣成分控制方面，Mn 所占比例应为 27%~31%，CaO 含量在 11% 左右，MgO 含量在 3.5% 左右，SiO_2 含量在 27%，Al_2O_3 含量控制在 15% 即可。

（六）采取避峰生产策略

高碳锰铁的避峰生产就是指在电价峰值时间段尽可能的降低负荷，从而减少产能，避免能耗过高。在电价谷值或者平值的时候实现高碳锰铁的满负荷生产，合理调整各个时间段的电炉负荷与输入电压等级，统筹分析高碳锰铁产品成本影响因素，确定最佳生产成本。正常的生产模式下，6档的电压等级为179V，日均在10炉左右，产量可以达到115t，在保证电极没有事故产生的情况下，明确高碳锰铁避峰生产方案，用电峰值期间采取星接方式完后保温处理，其他时间可以采用179V电压进行高碳锰铁冶炼，并按照固定的用电量出炉，此时固定用电量在33000kWh左右。实施避峰生产时还需注意以下事项：（1）电炉在没有达到满负荷的情况下禁止压放电极；（2）电极到达满负荷状态后应根据实际电极烧结情况，参考电极端部距离炉底的长度压放电极；（3）送电之前略微抬高电极，给电之后将初始二次电流保持在30000A之内，随后提高电压档位实现二次电流稳定，60分钟以内可以实现满负荷。

（七）导热炉体在高碳锰铁生产中的应用

为了解决以往炉体烧穿事故发生，应确立导热式生产理念，比如在6.3MVA锰铁电路炉衬中正确应用导热炉体，提高高碳锰铁生产效率。导热式炉体配有相应的冷却设施，按照炉壳不同部位的生产环境，炉底位置建议采取强制散热的通风方式，选用2台离心式通风机，要求设备24小时不间断运转。出铁口周围可以采取喷水冷却的方式，应用2台潜水泵或者离心泵完成供水，在炉壳周围布设喷头，保证炉壳能够达到良好的冷却状态，且不影响设备24小时运行。同时，对6.3MVA电路炉体做出改造，使其用于高碳锰铁生产，经过5个月的运行，炉体不再发生烧穿事故。为了延长炉体使用寿命，避免再出现类似事故发生，应综合分析炉体热量损失问题，避免因此而提高电耗。应用导热式炉体生产高碳锰铁大约9个月，经过实践风险，与传统保温室炉体相对而言，导热式炉体的电耗没有明显升高现象，炉壳喷水冷却、底部通风冷却现象良好，且炉衬导热明显，与其接触的物料可形成保护层，充分起到了炉衬保温的作用。

总而言之，经过研究分析得知，高碳锰铁可用于炼钢脱氧剂与合金添加剂中，富锰渣可用于低磷锰硅合金材料的生产。在高碳锰铁的实际生产过程中，有必要将P控制在0.104%左右，为减少过渡产品的使用，高碳锰铁冶炼初期应充分做好洗炉操作。配料时提高炉渣的碱度，加入足够的焦炭，提升炉膛温度，将Si含量保持在1%以上，通过矿渣选型改进，优选电流电压，避峰生产等措施使高碳锰铁生产操作方式得以优化，以此达到高碳锰铁的降磷效果。[1]

---

① 徐世海.高碳锰铁冶炼的工艺控制研究［J］.冶金管理，2021（17）：5-6.

第三章 钢冶金

第一节 钢的冶炼

钢铁冶炼（iron and steel smelting），是钢、铁冶金工艺过程的总称。工业生产的铁根据含碳量分为生铁（含碳量2%以上）和钢（含碳量低于2%）。

现代炼铁绝大部分采用高炉炼铁，个别采用直接还原炼铁法和电炉炼铁法。炼钢主要是以高炉炼成的生铁和直接还原炼铁法炼成的海绵铁以及废钢为原料，用不同的方法炼成钢。其基本生产过程是在炼铁炉内把铁矿石炼成生铁，再以生铁为原料，用不同方法炼成钢，再铸成钢锭或连铸坯。

一、原理

电子枪是电子束熔炼炉的心脏。它包括枪头（一般由灯丝、阴极、阳极等组成）、聚焦线圈和偏转线圈等。电子枪按其结构形式可分为轴向枪（或称皮尔斯枪）、非自加速环形枪、自加速环形枪及横向枪。电子枪的数量有单枪、双枪和多枪等。

二、分类

（一）铁冶炼

现代炼铁绝大部分采用高炉炼铁，个别采用直接还原炼铁法和电炉炼铁法。高炉炼铁是将铁矿石在高炉中还原，熔化炼成生铁，此法操作简便，能耗低，成本低廉，可大量生产。生铁除部分用于铸件外，大部分用作炼钢原料。由于适应高炉冶炼的优质焦炭煤日益短缺，相继出现了不用焦炭而用其他能源的非高炉炼铁法。直接还原炼铁法，是将矿石在固态下用气体或固体还原剂还原，在低于矿石熔化温度下，炼成含有少量杂质元素的固体或半熔融状态的海绵铁、金属化球团或粒铁，作为炼钢原料（也可作高炉炼铁或铸造的原料）。电炉炼铁法，多采用无炉身的还原电炉，可用强度较差的焦炭（或煤、木炭）作还原剂。电炉炼铁的电加热代替部分焦炭，并可用低级焦炭，但耗电量大，只能在电力充足、电价低廉的条件下使用。

（二）钢冶炼

炼钢主要是以高炉炼成的生铁和直接还原炼铁法炼成的海绵铁以及废钢为原料，用不同的方法炼成钢。主要的炼钢方法有转炉炼钢法、平炉炼钢法、电弧炉炼钢法3类（见钢，转炉，平炉，电弧炉）。以上3种炼钢工艺可满足一般用户对钢质量的要求。为了满足更高质量、更多品种的高级钢，便出现了多种钢水炉外处理（又称炉外精炼）的方法。如吹氩处理、真空脱气、炉外脱硫等，对转炉、平炉、电弧炉炼出的钢水进行附加处理之后，都可以生产高级的钢种。对某些特殊用途，要求特高质量的钢，用炉外处理仍达不到要求，则要用特殊炼钢法炼制。如电渣重熔，是把转炉、平炉、电弧炉等冶炼的钢，铸造或锻压成为电极，通过熔渣电阻热进行二次重熔的精炼工艺；真空冶金，即在低于1个大气压直至超高真空条件下进行的冶金过程，包括金属及合金的冶炼、提纯、精炼、成型和处理。

钢液在炼钢炉中冶炼完成之后，必须经盛钢桶（钢包）注入铸模，凝固成一定形状的钢锭或钢坯才能进行再加工。钢锭浇铸可分为上铸法和下铸法。上铸钢锭一般内部结构较好，夹杂物较少，操作费用低；下铸钢锭表面质量良好，但因通过中注管和汤道，使钢中夹杂物增多。在铸锭方面出现了连续铸钢、压力浇铸和真空浇铸等新技术。

三、主要辅料

钢铁冶炼过程中，为了除去磷、硫等杂质，造成反应性好、数量适当的炉渣，需要加入冶金熔剂如石灰石、石灰或萤石等；为了控制出炉钢水温度不致过高，需要加入冷却剂如氧化铁皮、铁矿石、烧结矿或石灰石等；为了除去钢水中的氧，需要加入脱氧剂如锰铁、硅铁等铁合金等。上述材料统称为辅助原料。

（一）石灰石

主要由方解石组成，化学成分为 $CaCO_3$。纯方解石含 $CaO56\%$、$CO_244\%$。开采出的石灰石因有杂质，CaO 的含量一般为 $50\% \sim 55\%$。在钢铁冶炼中，石灰石是造渣用的碱性熔剂，要求：①CaO 含量高。②SiO_2、Al_2O_3、S、P 含量低。SiO_2 和 Al_2O_3 能降低石灰石作为熔剂的有效性能。在高炉冶炼中，石灰石里的 SiO_2 和

Al2O3含量每增加1%，其有效熔剂性能约降低2.8%。③大中型高炉用的石灰石，粒度为20~50mm，小高炉为10~30mm。

（二）白云石

纯白云石【CaMg（CO3）2】含MgO21.9%、CaO30.4%、$CO_2$47.7%。天然白云石还含有Si_{O2}、Fe_{2O3}、Al_{2O3}等杂质，颜色通常呈灰白色或淡黄色。白云石在钢铁工业中大量用作碱性耐火材料，焦油白云石用作炼钢炉炉衬。白云石还用作碱性熔剂，以提高炉渣中MgO的含量，改善流动性，利于脱硫，减少炉衬熔损。对作为熔剂的白云石的要求是含MgO高，含Al_{2O3}、Fe_{2O3}和Si_{O2}低。中国白云石的化学成分一般为：CaO 26%~31%，MgO 17%~21%，$SiO_2$1%~5%，Al_{2O3}0.5%~3%，$Fe_2O3$0.1%~3%，$CO_2$43%~46%。

（三）石灰

由石灰石煅烧而成，是炼钢最重要的熔剂。煅烧石灰必须用优质的石灰石原料，合适的煅烧设备，控制得当的煅烧过程和使用低硫低灰分燃料。采用缓慢加热高温煅烧所得的粗晶粒石灰（称为硬烧或死烧石灰），在炼钢炉中熔化慢，不易成渣。采用快速加热迅速通过高温区所得的晶粒细、活度大的石灰（称为活性石灰或软烧活性石灰），在炼钢炉中可防止钢液表面散热过多，熔化快，容易成渣，从而提高了脱硫、脱磷效率。炼钢用活性石灰的质量要求是：CaO>92%；P<0.008%；S厘米；活性度>360毫升（滴定法）；粒度10~30mm。石灰还用于铁水的炉外脱硫（见铁水炉外脱硫）。

（四）萤石

又名氟石，主要化学成分为CaF_2，有黄、淡紫、玫瑰、绿黑等各种颜色的结晶，比重3.2，熔化温度约935℃。在高炉中，萤石作洗炉用（通过降低熔点，清除炉墙结瘤）；在炼钢中，用作助熔剂，可降低石灰的熔点，改善炉渣流动性，提高脱硫效率。萤石分解后有强腐蚀性，对设备和炉衬不利，使用量应适当控制。钢铁冶炼用萤石的成分：$CaF_2$75%~95%，$SiO_2$5%~20%，S 0.10%~1.5%。

（五）氧化铁皮

又称铁鳞，是钢锭和钢坯在加热和轧制过程中产生的。它含铁约70~75%，在炼钢中可用作氧化剂；炼钢精炼期使用它能加速石灰溶解，且不降低熔渣碱度，又有利于熔池沸腾，对去磷有一定效果。此外氧化铁皮可配加入烧结料，以及在铁合金冶炼中用以代替钢屑。

（六）锰矿

用于冶炼锰铁，有时用于高炉炼铁以调整生铁含锰量，或用于高炉洗炉。

第二节 炼钢过程

一、加料

加料：向电炉或转炉内加入铁水或废钢等原材料的操作，是炼钢操作的第一步。

二、造渣

造渣：调整钢、铁生产中熔渣成分、碱度和黏度及其反应能力的操作。目的是通过渣——金属反应炼出具有所要求成分和温度的金属。例如氧气顶吹转炉造渣和吹氧操作是为了生成有足够流动性和碱度的熔渣，能够向金属液面中传递足够的氧，以便把硫、磷降到计划钢种的上限以下，并使吹氧时喷溅和溢渣的量减至最小。

三、出渣

出渣：电弧炉炼钢时根据不同冶炼条件和目的在冶炼过程中所采取的放渣或扒渣操作。如用单渣法冶炼时，氧化末期须扒氧化渣；用双渣法造还原渣时，原来的氧化渣必须彻底放出，以防回磷等。

四、熔池搅拌

熔池搅拌：向金属熔池供应能量，使金属液和熔渣产生运动，以改善冶金反应的动力学条件。熔池搅拌可借助于气体、机械、电磁感应等方法来实现。

五、脱磷

减少钢液中含磷量的化学反应。磷是钢中有害杂质之一。含磷较多的钢，在室温或更低的温度下使用时，容易脆裂，称为"冷脆"。钢中含碳越高，磷引起的脆性越严重。一般普通钢中规定含磷量不超过 0.045%，优质钢要求含磷更少。生铁中的磷，主要来自铁矿石中的磷酸盐。氧化磷和氧化铁的热力学稳定性相近。在高炉的还原条件下，炉料中的磷几乎全部被还原并溶入铁水。如选矿不能除去磷的化合物，脱磷就只能在（高）炉外或碱性炼钢炉中进行。

铁中脱磷问题的认识和解决，在钢铁生产发展史上具有特殊的重要意义。钢的大规模工业生产开始于 1856 年贝塞麦（H.Bessemer）发明的酸性转炉炼钢法。但酸性转炉炼钢不能脱磷；而含磷低的铁矿石又很少，严重地阻碍了钢生产的发展。1879年托马斯（S.Thomas）发明了能处理高磷铁水的碱性转炉炼钢法，碱性炉渣的脱磷原理接着被推广到平炉炼钢中去，使大量含磷铁矿石得以用于生产钢铁，对现代钢铁工业的发展作出了重大的贡献。

碱性渣的脱磷作用 脱磷反应是在炉渣与含磷铁水的界面上进行的。钢液中的磷【P】和氧【O】结合成气态 P_2O_5 的反应

六、电炉底吹

电炉底吹：通过置于炉底的喷嘴将 N_2、Ar、CO_2、CO、CH_4、O_2 等气体根据工艺要求吹入炉内熔池以达到加速熔化，促进冶金反应过程的目的。采用底吹工艺可缩短冶炼时间，降低电耗，改善脱磷、脱硫操作，提高钢中残锰量，提高金属和合金收得率。并能使钢水成分、温度更均匀，从而改善钢质量，降低成本，提高生产率。

七、熔化期

熔化期：炼钢的熔化期主要是对平炉和电炉炼钢而言。电弧炉炼钢从通电开始到炉料全部熔清为止、平炉炼钢从兑完铁水到炉料全部化完为止都称熔化期。熔化期的任务是尽快将炉料熔化及升温，并造好熔化期的炉渣。

八、氧化期

氧化期和脱碳期：普通功率电弧炉炼钢的氧化期，通常指炉料溶清、取样分析到扒完氧化渣这一工艺阶段。也有认为是从吹氧或加矿脱碳开始的。氧化期的主要任务是氧化钢液中的碳、磷；去除气体及夹杂物；使钢液均匀加热升温。脱碳是氧化期的一项重要操作工艺。为了保证钢的纯净度，要求脱碳量大于0.2%左右。随着炉外精炼技术的发展，电弧炉的氧化精炼大多移到钢包或精炼炉中进行。

九、精炼期

精炼期：炼钢过程通过造渣和其他方法把对钢的质量有害的一些元素和化合物，经化学反应进入气相或排、浮入渣中，使之从钢液中排出的工艺操作期。

十、还原期

还原期：普通功率电弧炉炼钢操作中，通常把氧化末期扒渣完毕到出钢这段时间称为还原期。其主要任务是造还原渣进行扩散、脱氧、脱硫、控制化学成分和调整温度。高功率和超功率电弧炉炼钢操作已取消还原期。

十一、炉外精炼

炉外精炼：将炼钢炉（转炉、电炉等）中初炼过的钢液移到另一个容器中进行精炼的炼钢过程，也叫二次冶金。炼钢过程因此分为初炼和精炼两步进行。初炼：炉料在氧化性气氛的炉内进行熔化、脱磷、脱碳和主合金化。精炼：将初炼的钢液在真空、惰性气体或还原性气氛的容器中进行脱气、脱氧、脱硫，去除夹杂物和进行成分微调等。将炼钢分两步进行的好处是：可提高钢的质量，缩短冶炼时间，简化工艺过程并降低生产成本。炉外精炼的种类很多，大致可分为常压下炉外精炼和真空下炉外精炼两类。按处理方式的不同，又可分为钢包处理型炉外精炼及钢包精炼型炉外精炼等。

十二、钢液搅拌

钢液搅拌：炉外精炼过程中对钢液进行的搅拌。它使钢液成分和温度均匀化，并能促进冶金反应。多数冶金反应过程是相界面反应，反应物和生成物的扩散速度是这些反应的限制性环节。钢液在静止状态下，其冶金反应速度很慢，如电炉中静止的钢液脱硫需30~60分钟；而在炉精炼中采取搅拌钢液的办法脱硫只需3~5分钟。钢液在静止状态下，夹杂物上浮除去，排除速度较慢；搅拌钢液时，夹杂物的除去速度按指数规律递增，并与搅拌强度、类型和夹杂物的特性、浓度有关。

十三、钢包喂丝

钢包喂丝：通过喂丝机向钢包内喂入用铁皮包裹的脱氧、脱硫及微调成分的粉剂，如Ca-Si粉，或直接喂入铝线、碳线等对钢水进行深脱硫、钙处理以及微调钢中碳和铝等成分的方法。它还具有清洁钢水、改善非金属夹杂物形态的功能。[1]

----

① 百度百科

第四章　有色金属冶金

第一节　有色金属冶金与环保

由于我国工业的不断发展，工业工作体系已经逐渐完善，而工业中金属的冶炼工作推进了我国经济的巨大发展，而其中最显著的就是有色金属的冶金工作，它不仅推动了整个工业行业的发展，还促进了我国的经济效益的增长。但经济效益增长的同时也出现了很多的麻烦和问题，比如在冶金工作中，常常会出现一些废渣废料，而这些废渣如果不正确处理是会污染到我们生活的环境的。并且我国有一些企业为了降低成本费用，将这些废渣随意排放，破坏了我们生存的环境。所以有关企业在发展的同时也要注意到对环境的保护，也要制定一些保护环境的措施，保护好我们生活的环境。

一、有色金属冶金工程中开展环保工作的必要性分析

在以前的工业行业中，冶金工程造成的环境污染是很严重的，但在以前国家的发展比较落后，人们是把经济效益看作第一位的，所以他们采取了先污染后治理的措施，但这样的措施并没有改善冶金工程对环境的污染程度，反而让环境污染越来越严重。而且现在的社会已经没有把经济效益看得那么重要了，在吸取了以往的经验之后，企业也意识到了工业的发展是不应该以破坏环境为代价而开展的，所以先污染后治理的方法是绝对不可取的，企业要采取新的措施，要在开展冶金工程的同时，去降低工业对环境的污染，去保护环境。所以在有色金属冶金工程中开展环境保护工作不仅是为了响应国家保护环境的政策，也是为了让工业发展可以到达一个新的高度，让他走向一个新的发展阶段。但这个环保工作不是那么容易就可以开展的，它不仅需要先进的技术支持，也需要去改变现有的冶金

工程的工作方式，同时还要去思考如何把环境的污染降到最低，这些问题都是我们现在的冶金行业没有具备的，也是他们目前需要去解决的问题。同时政府也需要对冶金行业的发展做出一些要求，并制定一些优惠政策，让工作人员有热情去解决目前所出现的问题。而且现在已经是新时代了，保护环境的理念已经深入人们的心中，所以企业也不要去投机取巧，耍一些小聪明以此来降低整个工程的成本费用，而是要把整个企业的战略目标放得比较长远一些，要去重视冶金工程中的环境保护工作。

二、有色金属的冶金工程中开展环保工作的价值

（一）有利于解决环境问题

众所周知，以前的工业工程给我们的环境造成了很大的污染，而这些被污染的环境是无法去弥补和修复的，所以我们现在的生活的环境其实是伤痕累累的，它已经到了一个无法呼吸的状况了，所以我们现在要去保护环境，缓解它的痛苦。而在冶金工程中开展环保工作就响应了保护环境的理念，并且开展这个环保工作不仅是为了解决现在的环境问题，也是为了冶金工程以后的发展，是为了让工业工程在带来经济效益的同时，不污染环境。同时在企业开展环保工作时，可以增强员工的环保理念，提高整个企业对环保工作的重视程度，让他们从以前的被动环保变成现在的主动环保。这样的改变不仅可以省下很多的时间，也增加了环保工作的效率，让冶金工程可以更加绿色，更加透明。同时企业在开展环保工作时，冶金工程的污染排放量自然就会降低，这时的排放量对于整个环境的污染是很小的，就可以有效改善环境的污染，缓解目前环境的恶劣状况，降低冶金工程对生态环境的影响。

（二）促进环保政策不断完善

在冶金工程中开展环保工作的前提是要有完善的环保措施，才能保证环保工作在开展过程中不出差错。但我国的环境保护工作在前几年并没有受到重视，所以它的环保制度以及体系都是非常不成熟，不完善的。而这样的制度和体系在实际的应用过程中会出现各种不可预料的麻烦和问题，会导致整个工作功亏一篑。所以在冶金工程中开展环保工作的价值主要是它可以在实践中发现环保制度和体系的漏洞，在实践中不断地完善环保政策，让整个环保体系更加地完善，更加成熟。同时理论是实践的基础，一个环保体系中只含有理论知识是没有一点说服力的，所以在实际的环保工作中不断地找寻体系的缺点不仅是对这个环保制度的一种检验，也是为了让整个冶金工程中的环保工作开展得非常顺利，提高工作效率。而这种不断地在实践中完善整个环保体系的措施比没有经过实践的措施会更加地

令人信服，在工作开展过程中也不会出现较多的错误。

（三）提升员工处理突发环境污染的能力

由于以前工业上错误的发展方法导致了我国的经济生态环境受到了不可缓解的破坏，现在我国的主要目标就是先治理好环境，先去改善以前被破坏的环境，让整个的生态环境可以恢复以前的状态。而且现在的冶金工程已经不开始只注重经济效益的提升，而是在保护环境的基础上开展冶金工程，把环境保护放到了经济效益的提升之前。而这样的举动不仅是为了改善被破坏的环境，也是为了提高整个企业员工环保意识，促进整个企业的发展。而且现在的污染大多数都是不可逆的，前期如果没有注重环境的保护，后期采取再多的措施也不会让环境恢复到以往的生机。同时现在的环境污染有些并不是以前所造成的，而是突发性的，所以员工不仅要掌握处理环境污染的能力，还要具有处理突发意外情况的能力，而在冶金工程中开展环保工作可以有效地锻炼员工的这项能力，让员工在遇到一些突发情况时，可以用冷静的思维去处理这些问题。只有不断地的加大冶金工程中环境保护工作的力度，才可以从源头上杜绝一切污染源的出现，才可以在实践中培养员工处理突发污染情况的能力。

三、有色金属冶金工程中环保工作的开展策略

（一）培养一个高素质的环境监测队伍

由于我国的环境保护工作是最近几年才受到国家重视的，且相关的工作人员的素质都是按照以往的标准而招收的，但现在已经是一个是新时代，他们以前的那些环境保护的知识已经不适用于现在的工作当中了，所以相关环境保护部门应该去提高这些员工的专业素质，去培养一个具有高素质，高能力的环境保护和监测队伍。而且在冶金工程中开展环保工作就需要这些高素质的人才，他们可以让整个工作的效率提高数倍，还可以减少冶金工程的排放量。同时环境保护部门要在冶金工程的实际工作过程中做好环境监测工作，严格地监管好工程的每一个环节，避免出现污染环境的情况，还要让工作人员熟悉监管的每一个流程，提高员工对待环保工作的积极性。而且培养一个高素质的环境保护和检测队伍可以让整个工程的效率事半功倍，还减少了对环境的污染，提高了冶金工程中环保工作的水平。

（二）实施绿色冶金模式

要想改变现有冶金行业的发展方向，首先要改变的就是冶金行业的发展方向和工作方式，改变以往的冶金行业的工作模式，减少冶金行业对环境的污染，让冶金行业能够以一种绿色的工作模式进行。而为了响应国家大力保护环境的政策，

企业开始实施绿色冶金工作模式，而所谓的绿色冶金模式，其实也就是减少冶金过程中所产生的废渣物料，降低对环境的污染，让整个工作过程可以更加地绿色环保，同时还可以节约冶金工程所产生的成本费用。而且采用这种新型的冶金模式可以改变冶金行业的发展方向，让整个冶金行业可以更加地绿色和环保，提高整个冶金工程的工作效率，增加企业的经济效益，充分体现出这个模式的价值和作用。实施绿色冶金模式有利于企业冶金工程的发展，也做到了保护环境，同时还节约了工程所使用的成本费用，让绿色冶金理念深入工作人员的心中，提高他们的环保意识，增加他们的工作积极性。

（三）加大对冶金工程中环保工作的资金投入

有色金属冶金工程中开展环保工作不仅需要大量的环保人才，还需要投入一些资金，但有些企业为了节约成本会降低对环保工作中的资金投入，所以开展环保工作时所需要的一些设备都无法被满足，自然环保工作的效果就不会特别好。所以企业要想促进冶金工程的发展，转变企业的发展方向，就需要去加大在冶金工程中对环保工作的资金投入，给环保工作人员充足的资金去开展这项工作，才能让整个环保工作凸显出来它的作用，才能够顺利进行接下来的环保工作。并且政府也需要去投入一些资金，让环境保护部门可以在冶金工程中做到更好，用更加专业的设备去监测整个工程的污染程度。由此可知，对环保工作上的投入是有一定的效果的，它会让整个环保工作效率更高，让冶金工程产生的污染更少。同时在严格的监管程度下，有色金属的冶金工程所产生的污染就会被有效地控制，从而降低对生态环境的威胁。

（四）加强环境监测与信息技术的结合力度

在以前的环境保护工作中，大多数是人工监管为主，而这样的工作模式它需要的是一些经验比较充足的人员，并且员工在工作过程中是不能离开的，这样的工作模式会过于死板，员工每天工作的压力也会比较大，而且工作效率也不是很高。所以在现在这个信息技术不断发展的社会，环境监测工作就可以与信息技术进行融合，把先进的信息技术应用到环境监测中，提高员工开展环保工作时的工作效率，让员工根据监测设备上所显示的数据进行分析和观察，及时地给冶金工程提出一些减少污染的建议。同时使用一些高科技技术可以每天不停歇地对冶金工程进行环境监测，这样就可以节省很多的人力和物力，可以及时地治理冶金工程中所出现的污染问题，以免错过最佳的恢复时期。

（五）完善与环境保护相关的法律法规

由于国家以前比较重视经济效益的发展，就忽视了工业给环境带来的影响，也就没有重视环境污染这一方面的法律法规，因此就出现了很多的工业企业随意排放，从而污染了环境。但现在我国开始重视环境保护，也开始改善工业以前对环境所造成的污染，让生态环境可以恢复到以前的生机。因此与环境保护相关的法律法规还是非常重要的，它是可以束缚那些企业去控制住自己的行为，让企业在开展工程的过程中，注重环境的保护，减少冶金工程对环境的污染。同时制定完善的法律法规也是为了惩罚那些黑心企业，随意排放污染物到河流中，从而污染了整个生态环境。完善的法律法规可以让企业有一个束缚，让他们学会去主动地开展环境保护工作，改善生态环境。

我国的工业行业不仅是经济效益增长最快速的行业，也是对环境污染最严重的行业。所以冶金行业在促进经济效益增长的时候，也要采取一些措施去保护环境，去减少冶金工作过程中所产生的废渣，提高工业行业的发展效率。最后环境保护部门也要加强对工业的监管力度，从根本遏制住污染源。而企业需要去转变冶金工作的工作模式，采取更加环保的工作方式[①]。

第二节　虚拟仿真与色金属冶金

有色冶金虚拟仿真技术综合了计算机图形学、光电成像技术、数据库技术、传感技术和人工智能等多种技术手段，通过构建逼真的三维工厂布局、设备结构与连接、工艺流程与过程控制等宏观及局部生产要素，可实现对真实生产环境的模拟。学生通过操控界面进行操作，更形象、直观地体验真实的工厂生产过程。学生可在不断的仿真训练和考核过程中，实现对知识的熟练掌握。该技术具有形象、高效、安全、可变、可交互等特点，可让学生更形象、直观和生动地感受工艺流程和操作过程，增强理论知识和实际生产的紧密结合，是对理论与实践教学资源的重要补充。

一、虚拟仿真在有色金属冶金实践教学中的优势

有色金属冶炼过程往往具有过程繁杂、设备庞大和危险环境（高温、腐蚀、高空操作、带电和危险品等）等特点，由于安全、管理、保密和时间等方面问题，学生不能亲身操作冶炼设备，也无法掌握完整的工厂分布、生产流程和设备连接等知识。为解决这些问题，许多高校引入了多媒体资源（视频、动画和图文等），虽然在一定程度上弥补了现场实习的不足，但也面临多媒体资源有限、制作周期长、成本高、针对性与互动性差等短板，学生不能实操，效果一般。

---

① 陈征.有色金属冶金与环保［J］.冶金管理，2020（19）：136-137.

得益于计算机软、硬件技术、信息技术和互联网技术的不断进步，计算机模拟仿真技术的应用已然成熟，其在冶金教学中的作用和地位不断凸显。首先，虚拟仿真可让学生不受时间、空间、安全、成本和规模的限制进行高效的实习实践，既可满足宏观的认识实习的要求，又可满足生产实习理论知识与实践生产紧密结合的要求，适用范围广。其次，逼真的工厂环境、工艺流程和生产设备等虚拟要素，可让学生在虚拟空间里获得"真实"的感官体验，基于实际生产工艺参数的动手操作，激发了学习积极性和主动性，提升自主学习能力。第三，既可对全流程进行模拟，也可对单一流程进行细致仿真，三维场景、工艺流程和设备的可调性让虚拟仿真能适应不同的生产情况和未来变化。可依据学生个人情况设定训练计划的"私人订制"，让学生对某一工艺流程反复研习，适应不同的生产情况、要求和技术等，增强科技创新能力。

二、应用效果和不足

虚拟仿真技术本身具有一定的趣味性，学生能够在这一技术引导下迅速接受有色金属生产工艺的相关内容。经过多年摸索，虚拟仿真实践教学系统辅助理论课堂教学，已成为专业认识实习和生产实习的重要环节。学生学习动力和兴趣普遍得到激发和提升，获取知识、运用知识能力和创新意识随之提高。通过改变虚拟仿真训练计划内容（如铜冶金仿真），加强了学生对关键工艺流程的理论理解、操作掌握和异常工况处理能力，针对从矿物原料冶炼到生产出最终产品的全流程模拟提升了工厂生产全局意识。虚拟仿真改变了传统实习过程中只能依靠实习报告评阅和实习笔记评阅这样单一、低效的评价方式，提高了学生实习过程中的学习效果。虚拟仿真能够基本还原有色工厂主要生产流程，但现有仿真技术还达不到有操作真实设备的实感。通过电子设备的按键、鼠标或触控板来完成的仿真指令操作，与实际生产还有较大差距，无法达到视、听、嗅、触、味等多种感官融合的现实感体验，实训后可能缺少切身感悟。同时，仿真技术无法模拟实际生产的操作细节、动态场景和工厂技术人员沟通互动等诸多场景。过度依赖虚拟仿真的实践教学可能导致学生缺乏对现实生产的充分认识，不利于对动手能力锻炼和人文素质培养。

传统的工厂实习与虚拟仿真实训各具优势，不能因新技术的应用而抛弃实地实习，也不能仅依赖传统实习模式而排斥仿真实训。实践教学过程中应将二者协调融合，实现优势互补，在提高实践教学质量的同时节约运行成本。

虚拟仿真在冶金高校实践教学中的应用与推广已成为一种趋势，虽然该技术还存在一些不足，但它可与传统的工厂实习优势互补、深度融合，能够对人才实践能力、创新能力和工厂大局观意识的培养起到积极作用。在新技术不断更新换代的今天，与时俱进的虚拟仿真实践教学平台建设需要高等学校、软件公司和工厂企业等多方协同合作，不断推进虚拟仿真技术的革新。面向实践教学的仿真资源还处在高速发展期，应充分利用这个时机，建设和发展适合本校的虚拟仿真实践教学平台及系统[①]。

---

① 杨文强，夏文堂，尹建国，袁晓丽.虚拟仿真在有色金属冶金方向实践教学中的应用［J］.中国冶金教育，2021（02）：83-84+88.

第五章　金属压力加工

第一节　金属

一、金属及金属元素

（一）金属

在自然界，金属一般是以氧化物、硫化物、碳酸盐等化合物的形式出现，也有以金属状态出现的，如金、铂等贵金属和铜，但数量极少。人们通常是将矿石开采出来，通过冶炼提取金属及其合金，再进行加工使用。

众所周知，金属在常温下是原子有规律排列构成的固态结晶体。它除具有一定的形状外，还有坚硬性、塑性（延展性）和特殊的光泽，是热、电的良导体。也有例外，如水银不是固态结晶体，锑并不具有良好的塑性，铈、镨的导电性还不如非金属石墨。

上述的传统说法，显然还没有完全揭示出金属与非金属之间的本质差别。比较严格的定义，则要深入金属的原子结构及原子的结合方式的研究领域。在这里，传统说法实际上是基本知识，通俗地表述了金属的含义。

（二）金属元素

通常把金属分为黑色金属和有色金属两大类（见附录1）。在化学元素周期表中，化学元素共109种，金属元素共列出86种，其中黑色金属元素3种，有色金属元素83种。黑色金属亦称"铁类金属"，所含主要成分是铁，包括铁、锰、铬及其合金，还含有碳、硅、硫、磷等元素。实际上也是铁、碳与其他多种元素组成的合金，又称"铁碳合金"。一般呈黑色，故称其为黑色金属，习惯上把黑色金属统称为"钢铁"。

钢和铁是有区别的，其含碳量多少决定它们的特性。常说"铁硬钢强"，实际含碳量高的铸铁坚硬但脆，可铸造成形状更为复杂的产品；含碳量比铸铁低的钢（尤其合金钢）强韧性高、塑性好，使用更为广泛。

有色金属亦称"非铁金属"，具有更多特殊的性能，诸如高强度、高导电性、高耐蚀性、高耐热性等。在机电、仪器仪表等使用的特殊材料大都是有色金属。在航空、航天、航海、原子能等工业部门，对有色金属的使用量更大。电子、光学领域、卫星、导航系

统、超导材料、真空器件等都离不开有色金属这种专用、独特的材料。

有色金属包括轻金属、重金属、稀有金属、贵金属、半金属等。依其特殊的功能，在要害部门和尖端技术上发挥着极大的作用。

（三）常用的金属简介

1.黑色金属部分

（1）铁

铁通常是指含有碳、硅、锰、硫、磷等元素组成的铁碳合金，工业上应用的有铸铁（生铁）和工业纯铁（熟铁）两种，其密度为7.86g/cm3，熔点为1538℃。

①铸铁。又称生铁，含碳量大于2.0%的铁碳合金。铸铁是冶金厂的重要初级产品，大部分用于炼钢，另一部分用来生产铸铁件。铸铁是机器制造业的结构材料，其重量一般占机器总重量的60%～70%。

②工业纯铁。又称熟铁，碳含量低于0.04%的铁碳合金。其铁含量约99.9%，也称为无碳钢，实际上可以说成是低碳钢。工业纯铁的磁性很好，是制造电工器件的常用材料，有很好的塑性、耐热性、耐蚀性和焊接性，因此可用于深冲。

（2）钢

钢也是铁碳合金，通常是指碳含量在0.04%～2.0%之间的铁碳合金。钢是用生铁或废钢为主要原料，根据不同性能要求，配加一定的合金元素冶炼而成，经过轧制等金属压力加工过程，获取国民经济各领域所需要的钢材。人们更习惯按化学成分把钢分为碳素钢与合金钢两类。

①碳素钢。碳含量为0.04%～1.35%，并有硅、锰、硫、磷及其他残余元素的铁碳合金，简称碳钢。碳钢的产量占全部钢产量的90%左右，是用途最广、产量最大的金属。

②合金钢。在钢水中特意加入不同化学元素的合金化过程，获得特殊的工艺性能（如铸造性、焊接性、热处理性、切削性、深冲性等）和使用性能（如强度、硬度、韧性、耐热性、耐蚀性、耐磨性等）稳定、优良的钢即为合金钢。钢的合

金化过程，一是改变了钢的组织和结构；二是改变了钢的物理和化学性能。合金化所用的化学元素称为合金元素，常用的合金元素有十多种：碳、氮、铝、硼、铬、钴、铜、锰、钼、镍、铌、硅、钛、钨、钒、锆、稀土等。锰、铬是钢铁中主要且含量偏多的组成元素，也是作为合金元素加入其中的。

2.有色金属部分

（1）轻金属

密度小于 $3.5g/cm^3$ 的金属称为轻金属（国外把密度为 $4.5g/cm^2$ 的金属也称为轻金属），轻金属通常包括铝、铝合金、镁、镁合金及以铝、镁为基本的粉末冶金材料和复合材料，还有铍、锂等。轻金属，质轻且可节省能源，能回收再生而节省资源，是极为有用的金属。其使用范围在宇航、交通运输、建筑、机电工业、包装和高新技术产业方面逐渐扩大，和钢铁一样，已是重要的基础金属材料。

①铝。密度为 $2.7g/cm^3$，熔点660.24℃，是主要的轻金属。密度小，约为钢的1/3，添加该成分后可使产品轻量化，塑性好易加工。具有耐腐蚀、无低温脆性、导电导热性好、反射性强、有吸音性、耐核辐射、表面处理性能好等特点，使其广泛使用在包装、交通运输、建筑工程领域。

②镁。密度为 $1.73g/cm^3$，熔点649℃，是银白色金属。镁的强度比铝低，塑性差，但有良好的切削加工性能和抛光性能，镁可用于化学工业、仪器仪表制造及军事工业。镁还可作生产球墨铸铁的球化剂，炼钢的脱硫剂，有机化合物的合成剂。镁易于燃烧，并发出高热及耀眼的火焰，因此可用来制作照明弹、燃烧弹和焰火。镁更多的用途是制造镁合金和生产含镁的铝合金。

（2）重金属

密度大于 $3.5g/cm^3$（国外大于 $4.5g/cm^3$）的金属称为重金属（有的可达$7\sim12g/cm^3$），铜、镍、铅、锌、锡、镉等金属及其合金皆属重金属。重金属使用的历史悠久，如今的产量也高，仅次于钢铁，居金属中的第二位。

①铜。密度为 $8.96g/cm^2$，熔点1083.4℃，红黄色金属。铜具有优良的导电导热性能，有较好的耐蚀性；工艺性能好，能承受大变形量（90%）的冷变形而不破裂等。铜是人类最早发现和使用的金属之一，中国在新石器时代就开始用铜。

②镍。密度为 $8.9g/cm^3$，熔点1445℃。力学性能优良，有特殊的物理性能（铁磁性、磁致伸缩性等），有良好的化学稳定性，是耐蚀性最好的金属之一。大量用来制造不锈钢、软磁合金和多种镍基合金等。

③锌。密度为 $7.14g/cm^3$，熔点419.5℃。锌有较好的耐蚀性和力学性能，一般经压力加工后可成板、带、箔、线材，用于机械、仪器仪表工业的零件制造等。

④铅。密度为 $11.68g/cm^3$，熔点327.4℃。铅具有熔点低、塑性好、耐蚀性高、X射线和γ射线不易穿透等优点。在室温状态下进行压力加工不产生加工硬化，说

明其压力加工性能是极好的。广泛用于化工、电缆、蓄电池和放射性等工业部门。

⑤锡。密度为 $7.3g/cm^2$，熔点 231.9℃。锡的熔点低、强度硬度低、塑性好（经冷加工后不产生明显的加工硬化），用于电器、仪器仪表等工业部门的零件制造。

⑥镉。密度为 $8.64g/cm^2$，熔点 320.9℃。镉的塑性好、强度低，易在热、冷状态下经压力加工成板材和型材，用于无线电、核能等工业部门。镉的化学活泼性不大，且能在表面形成保护层，防止其被腐蚀。以镉为基本的合金很少，一般作为添加元素配制合金。

（3）稀有金属

顾名思义，可以理解是稀缺少有的金属。相比之下，稀有金属种类繁多，诸如稀有轻金属、高熔点金属、分散金属、稀土金属、放射性金属等。

①稀有轻金属。以铍为例，铍具有优异的性能。由于生产工艺复杂、加工困难、价格昂贵且有毒，则应用数量有限。除高新技术领域（如核技术）应用外，还有铍合金（如铍铝合金、铍铜合金、铍镍合金）及铍／钛复合材料等，都在开发和应用之中。

②高熔点金属。高熔点金属俗称难熔金属，其熔点超过1650℃。难熔金属在稀有金属中，是最为广泛应用的金属，由于航空、航天、电子和原子能技术发展的需要，促进了难熔金属材料及其加工技术的发展。人们常接触到的钨、钼、钛等，皆属典型难熔金属，应用极为广泛。

第一，钨。密度为 $19.25g/cm^3$，熔点 3410℃，银白色金属。钨以纯金属、合金及复合材料的形式广泛用于电光源和电子管的灯丝、电极、电触点、真空高温炉部件、火箭喷管等，还大量用作硬质合金、工具钢、耐热钢之中。

第二，钼。密度为 $10.22g/cm^3$，熔点 2610℃。钼的应用较广，用作灯泡和电子管中钨丝的支撑材料，还可用作钨丝的缠绕芯杆、压铸和挤压模具、钻或镗的刀杆、火箭发动机的喷管等。

第三，钛。国外亦归类为稀有轻金属，密度为 $4.5g/cm^3$，熔点 1667℃。钛具有密度小、强度高、耐热、耐蚀性能优良等特性，适用制造航空、航天、航海装备的承力件，化学和海洋工业的耐蚀件，医疗器械和人体整形支架等。

③分散金属。分散金属在自然界中几乎没有单独以矿物的形式存在，它们在地壳中很分散，往往是从冶金和化工的废料中提取。以铟为例，由铟和砷（半金属）构成的化合物半导体材料（砷化铟），常温呈银灰色固体，密度为 $5.66g/cm^3$，熔点为942℃。砷化铟（InAs）可在常压下由熔体生长单晶，是一种难以纯化的半导体材料。其性能独特，应用越发广泛，如制造光纤通信用的激光器和探测器等。

④稀土金属。稀土金属在开发初期只能获得外观似碱土（如氧化钙）的稀土

金属氧化物，故起名"稀土"。以钕为例，钕、铁、硼（半金属）为基相的稀土永磁合金，具有十分优异的永磁特性，钕铁硼（Nd2Fe14B）永磁合金也被称为第三代稀土永磁合金，故被极力开发应用。

⑤放射性金属。如镭、铀等金属，多用于原子能工业等极其特殊的地方，一般人是接触不到的，这里也就不介绍了。

（4）贵金属

金、银和铂等金属都能抗化学变化，不易氧化并保持美丽的金属光泽，产量少而价格昂贵，故统称为贵金属。

①金。纯金密度为 $19.32g/cm^3$，熔点 $1064.4℃$。金有美丽的金黄色光泽，化学稳定性很高，有良好的抗氧化性，加热时不变色，有优越的抗腐蚀性。大部分的黄金都被用于制造首饰、金币和奖章等。金的放射性同位素，可在医学诊断和治疗疾病方面得到应用。近年来由于微电子和通信技术的发展，在该领域中用金量也有较大的增长。

②银。密度为 $10.49g/cm^2$，熔点 $961.93℃$，是一种白色金属，具有极强的金属光泽。银在所有金属中，对白色光线的反射性能最好，导电热性最高。银在贵金属中，密度小，熔点低，产量大，价格便宜。多用于银器及装饰品，银币和奖章，感光材料，用于饮用水消毒以及合成杀菌和抗病毒的药物等。

③铂。密度为 $21.45g/cm^3$，熔点 $1770℃$。铂与金、银相比，发现和使用较晚且产量稀少，称为稀有贵金属。铂具有良好的力学、电学和热学性能，又有优异的抗生素氧化、耐腐蚀能力及催化活性。被广泛用于电工、电子、航空、航天、航海、轻工、仪器仪表、玻璃纤维、环保等众多领域。饰品材料约占其总用量的 40%，其他如测温材料、器皿材料、铂催化剂、抗癌药物等。

（5）半金属

半金属一般指硅、砷、硒、碲、硼，其物理化学性质介于金属与非金属之间。如砷是非金属，但可传热导电；硅是电导率介于导体与绝缘体之间的半导体主要材料之一；砷、硒、碲可以化合物的形式构成半导体材料；硼是合金的添加元素。以半金属元素或化合物构成半导体材料，如硅和硒化锌。

①硅。密度为 $2.329g/cm^3$，熔点 $1410℃$，具有灰色金属光泽，较脆，硬度稍低于石英。硅是最主要的半导体材料，包括硅单晶、硅多晶、硅片、非晶硅薄膜等，可用于制备半导体器件。以硅为主要合金元素生产硅黄铜、硅青铜，硅黄铜具有较高的力学性能，能很好地承受压力加工，在大气和海水中有极好的耐蚀性，且比一般黄铜有较高的抗应力和腐蚀破坏能力；硅青铜的力学性较锡青铜高，可作锡青铜的代用品。

②硒化锌。由硒和锌构成的化合物半导体材料（硒化锌），密度为 $5.42g/cm^3$，

熔点为 1500℃，呈浅黄色晶体。它是化合物半导体中可以发出从黄到蓝一系列可见光的发光材料，也是重要的红外光学材料。

二、金属的成型方法

金属的成型方法归纳起来有以下几种。

（一）减少质量的成型方法

即将质量较小的金属去除一部分质量而获得一定形状及尺寸的工件。属于这种方法的有：车、刨、铣、磨、钻等金属切削加工；把金属局部去掉的冲裁与剪切、气割与电切；把金属制品放在酸或碱的溶液中蚀刻成花纹等蚀刻加工。

其优点是能得到尺寸精确，表面光洁，形状复杂的产品；缺点是原料消耗量大，能量消耗大，成本高、生产率较低，不会对金属的结构和性质带来改善。

（二）增加质量的成型方法

即由小质量的金属逐渐积累成大质量的产品。属于这种方法的有铸造，电解沉积，焊接与铆接，烧结与胶结等。

其优点在于能获得形状更为复杂的产品，成型过程中除技术因素外没有产生废品的条件，原料消耗少，故较为经济；缺点是力学性能较低，且存在难以消除的缺陷，如铸件中存在组织及化学成分不均匀，有缩孔、砂眼、偏析及柱状结晶等缺陷。沉积法没有铸造缺陷，但沉积合金还不能被广泛应用。

（三）质量保持不变的成型方法

即金属本身不分离出多余质量，也不积累增加质量的成型方法。这种方法是利用金属的塑性，对金属施加一定的外力作用使金属产生塑性变形，改变其形状和性能而获得所需的产品。这就是所谓轧制、锻造、冲压、拉拔、挤压等金属压力加工的方法，其中轧制是金属压力加工中使用最广泛的方法。

这种方法的优点是：

（1）因为是无屑加工，故可节省金属。除工艺原因所造成的废料以外（如切头尾、氧化铁皮等），加工过程本身是不会造成废料的。

（2）金属塑性变形过程中使其内部组织以及与之相关联的物理、力学等性能得到改善。

（3）产量高，能量消耗少，成本低，适于大量生产。

该法的不足之处有：

（1）对形状要求复杂，尺寸精确，表面十分光洁的加工产品尚不及金属切削加工方法。但由于压力加工方法的产量高、性能好、成本低，故对一些要求不特别高的工件有取而代之的趋势，如齿轮和简单周期断面工件的轧制、冲压和挤压等。

（2）该法仅能用于生产具有塑性的金属，在成本上和形状复杂程度方面，该方法远不如铸造方法。大多数压力加工方法的设备庞大，加工薄而细和批量少的产品，成本也较高。

（3）组合的成型方法。即上述几种成型方法的联合使用。如无锭轧制亦称液态铸轧方法，是铸造与轧制方法的联合；辊锻加工是轧制和锻造方法的联合。

三、金属压力加工过程的实质及主要方法

金属压力加工过程，实质是金属塑性加工的过程。所谓金属压力加工，乃是对具有塑性的金属施加外力作用而使其产生塑性变形，改变金属的形状、尺寸和性能而获得所需产品的一种加工方法。

金属压力加工的主要方法有：轧制、锻造、冲压、拉拔和挤压等。

（一）轧制

轧制是金属压力加工中使用最广泛的方法。它借助于旋转的轧辊与金属接触摩擦，将金属咬入轧辊缝隙间，再在轧辊的压力作用下，使金属在长、高、宽三个方向上完成塑性变形过程。简而言之，是指金属通过旋转的轧辊缝隙进行塑性变形的过程。

轧制的方式目前大致分为三种：纵轧、斜轧和横轧。

（1）纵轧。即金属在相互平行且旋转方向相反的轧辊缝隙间进行塑性变形，而金属的行进方向与轧辊轴线垂直。

金属无论在冷状态之下还是热状态之下皆可进行轧制，这种方法在钢材的生产中应用得最为广泛，如各种型材、板带材都用该法生产。

（2）斜轧。指金属在同向旋转且中心线相互成一定角度的轧辊缝隙间进行塑性变形。金属沿轧辊交角的中心线方向进入轧辊，金属在变形过程中除了绕其轴线旋转运动外，还有沿其轴线的前进运动。亦即既旋转又前进的螺旋运动。

此法常用以轧制管材及变断面型材。

（3）横轧。指金属在同向旋转且中心线相互平行的轧辊缝隙间进行塑性变形。在横轧中金属轴线与轧辊轴线平行，金属只有绕其自身轴线旋转的运动，故仅在横向受到加工。这种方法用于生产齿轮、车轮和各种轴等回转体件。

（二）锻造

锻造即指一般所说的"打铁"，它是一种古老的金属压力加工方法。锻造是用锻锤的往复冲击力或压力机的压力使金属进行塑性变形的过程。

锻造可分为自由锻造和模型锻造两种。

所谓自由锻造，是指金属在锻造过程的流动受工具限制不严格的一种工艺方法。它是在上下往复运动的平锤头冲击下使金属产生塑性变形，而下锤头（砧座）通常是固定不动的。其特点是当金属受压缩时，造成金属向四周自由流动。自由锻造亦称无型锻造。

模型锻造，是指锻造过程中的金属流动受模具内腔轮廓或模具内壁严格限制的一种工艺方法。

锻造加工被广泛应用在各工业部门，尤其是在造船工业、发动机制造工业、机床制造工业、国防及农业机械工业中均占有很重要的地位。锻造所用的原料可为金属锭或轧制坯，目前用最大钢锭重达350t。合金钢厂一般都设置锻造车间，以提供后面加工车间的合金钢坯。锻造成品包括各种各样的零件，诸如曲轴、连杆、飞机和轮船的螺旋桨、高压锅炉的圆筒、枪身、炮管、涡轮机的叶轮等等。

（三）冲压

一般用薄的板料冲压成我们所需形状的零件。用这种方法可以生产有底的薄壁空心制品，其产品如子弹壳、各种仪表器件、器皿及日常生活用的锅碗盆勺等。

（四）拉拔

拉拔是指金属通过固定的具有一定形状的模孔中拉拔出来，而使金属断面缩小、长度增加的一种加工方法。

拉拔包括拉丝和拔管过程。拉丝过程是使外力作用于被加工金属的前端，金属通过一定的模孔，其断面缩小、长度增加的过程。拔管过程是将中空坯通过模孔（用芯棒或不用芯棒）在其前端施加拉力，使管径减小、管壁变薄（或加厚）的过程。

（五）挤压

挤压的实质是将金属放入挤压机的挤压筒内，在一端施加压力迫使金属从模孔中挤出，而得到所需形状的制品的加工方法。挤压多用于有色金属的加工，近年亦应用于钢及其合金（黑色金属）的加工，特别是耐热合金及低塑性金属的加工方面。其产品多为型材、管材等。

四、金属压力加工在国民经济中的作用及其发展

金属压力加工的产品在国民经济中应用极为广泛。根据统计，在铁路运输工具中所用金属压力加工产品占其金属制品的96%，在汽车和拖拉机制造工业中约占95%，在农业机械工业中占80%，在航空和航天工业中占90%，在机械制造工业中占70%，基本建设约占100%。特别是随着现代科学技术的不断发展，对金属产品的种类和质量，将提出新的更高的要求。

我们常用的一般钢材、钢轨、钢梁、钢筋、滚珠轴承、飞机机翼外壳、大炮炮筒等，都必须用压力加工的方法来进行优质、大量的生产。

工业、农业、交通运输等国民经济各个部门和国防建设，都需要钢材。建设一个较大的重工业工厂就需要多种大量的钢材，如钢筋、钢梁以及屋面板等就要用几千吨甚至上万吨。铺设一公里铁路，仅钢轨一项就要用100t。制造一辆汽车，就需要三千多种不同规格的钢材。一艘万吨轮船，要用近6000t的钢材。制造一门炮和一杆枪，就需要一百多个钢种和一千多形状不同、尺寸不等的钢材。

通常冶炼出来的钢，除很少量的钢是用铸造方法制成零件的，绝大部分是经过压力加工制成产品，而且90%以上都要经过轧制，以轧制钢材供给国民经济各个部门。某些个别钢材虽非直接由轧钢车间生产，但基本上都要由轧钢车间供料。由此可见，在现代钢铁企业中，作为使钢成材的最后一个生产环节的轧钢生产，在整个国民经济中占据着异常重要的地位，对促进整个生产的发展起着十分重要的作用。

金属压力加工工业的发展是很快的。目前除了轧制、锻造、冲压、拉拔、挤压等几种普遍应用的压力加工方法外，由于国民经济一日千里的发展和科学技术日新月异的进步，则不断涌现出各种新的压力加工方法，如爆炸成型、液态铸轧、粉末加工、液态冲压及引拔、振动加工，以及各种加工方法的联合等。

金属压力加工的产品可用在各行各业中，面面俱到，无所不包。某些重要工业部门中金属压力加工产品比重更大，有的占整个金属制品的95%。

总的看来，当前金属压力加工生产是规模更加庞大、产量更多、种类更加齐全、控制更加精确，人们正围绕着优质、高产、低耗的生产工艺，不断完善、不断更新，进而实现综合技术的改革和创造。

随着金属冶炼技术的发展和机电工业的进步，随着自动控制、电子计算机技术的广泛应用和整个科学技术水平的不断提高，金属压力加工技术也在飞跃发展。从有代表性的轧钢生产技术发展来看，其发展的主要趋势是：

（1）生产过程日趋连续化。近几十年来带钢和线材生产过程连续化更加完善，出现了连续型钢轧机和连续钢管轧机。像无头轧制这样的完全连续式作业线，已由线材生产推广应用于冷轧带钢及连续焊管生产。

（2）轧制速度不断提高。生产过程的连续化为提高作业速度创造了条件。近几十年来，各种轧机的轧制速度不断提高。目前线材轧制速度已达100m/s，带钢冷轧速度达41.7m/s，钢管张力减径速度达20m/s。

（3）生产自动化日益完善。生产自动化不仅是提高轧机生产能力的重要条件，而且是提高产品质量、增加生产效率、降低消耗指标的重要前提。20世纪60年代以后发展起来的电子计算机技术在轧钢生产中已得到日益普遍的应用，尤其在带钢连轧机上应用得最为全面。目前采用的多层计算机控制系统，不仅实现了过程控制和数字直接控制，而且使计算机技术在企业管理上也得到了应用。

（4）生产规模进入大型化。炼铁、炼钢生产能力的大幅度提高，必然会促使轧钢生产规模的扩大。将20世纪60年代和70年代加以比较，板坯初轧机最高年产能力从350万t增至600万t，带钢热连轧机从300万t增至600万t。初轧钢锭重达60~70t，热轧板坯重达45t，冷轧板卷重达60t。初轧机主电机容量达2×6700kW，厚板轧机主电机容量达2×8000kW。最大轧辊重达240t，牌坊重达450t，轧制压力超过100MN。厚板、薄板、大型H型钢、巨型管材等生产设备都在日趋重型化，生产规模愈来愈大。

（5）生产系统实现专业化。为了满足产量和质量的要求，往往把轧机分为大批量专业化轧机和小批量多品种轧机两类。前者为主要生产力量，采用专用设备及专用加工线进行生产，以利于提高产量、质量并降低成本。

（6）采用自动控制不断提高产品精度。计算机自动控制，大大提高了对钢材尺寸、形状和表面质量的控制精度。例如，能使厚5mm以下的热轧宽带钢的厚度精度控制到±0.025mm，冷轧带钢厚度精度控制到±0.004mm，使带钢宽度公差控制到5mm；能使盘重4.4t的线材直径精度控制在0.1mm以内；冷加工钢管外径偏差达±0.05mm，壁厚偏差±0.01mm，表面特性达到极光表面的镜状光泽面，即Ra≤10μm。

（7）发展合金钢种与控制轧制工艺以提高钢材性能。利用锰、硅、铌、钛、钒等微量合金元素生产低合金钢种，配合控制轧制或形变热处理工艺，可以显著提高钢材性能，延长使用寿命。近年来，由于工业发展的需要，对石油钻采用管、造船钢板、深冲钢板和硅钢片等生产技术的提高特别注意，所以，在这方面取得的进步也特别显著。

（8）不断扩大钢材品种规格及增加板带钢和钢管的产品比重。钢材品种规格已达数万种以上。现已能生产1200×530H型钢、78kg/m重轨、直径1.6m以上的管材、宽达5m以上的钢板、薄至0.1mm以下的镀锡板等。各种特殊断面及变断面钢材、各种镀层、复层及涂层钢材都有很大的改变。在钢材总产量中，板带钢和钢管产量所占比重不断增加，尤其是板带钢更为突出。在工业发达的国家里板带钢占钢材产量的50%~65%，美国则达66%以上。

（9）连铸钢坯取代初轧钢坯。采用连铸钢坯可以提高成材率、简化工艺过程、降低生产成本等许多优点，故近年来得到较迅速的发展。一些工业发达的国家，如日本1978年连铸钢坯约占钢坯总量的46%，近年来仍在不断提高。各国对于直接采用连铸钢坯轧管及连铸钢坯穿孔的新工艺也极为重视。压力铸坯在不少中、小型企业已开始得到应用和发展。

（10）大力发展新工艺、新技术，节省能源和金属消耗，降低生产成本。近年来很多新工艺、新技术，例如钢锭的"液芯加热和轧制"、初轧坯不经再加热的"直接轧制"、薄板的"不对称轧制"及其他高效钢材轧制等正在得到积极试验和推广。有的工厂还开始进行连铸连轧、液态铸轧，甚至进行钢锭直接轧制成品的试验。这些都可大大节省能源消耗、提高成材率。

第二节　金属压力加工

一、金属外力、内力和应力

为了使金属产生塑性变形，必须施加一定的外力。如果在该力作用下物体的运动受到阻碍，则在物体内将产生内力。

（一）外力

在压力加工过程中，被加工的物体所受到的表面外力（忽略工件重量和惯性力）有作用力、反作用力、摩擦力。

（二）内力

由于某种原因，当物体内部的原子被迫离开平衡位置时，则在物体内部产生了与外力平衡的力，即谓之内力。当迫使原子离开平衡位置的因素（如外力）消除后，原子回到平衡位置，则内力消失。使物体产生内力的原因有二：其一是由于平衡外力而产生的，在外力作用下使物体产生变形时，则物体内部便产生了与外力平衡的内力；其二是由于物理过程及物理－化学过程的作用（如不均匀变形，不均匀加热及冷却，不均匀相变等），在物体内部产生相互平衡的内力。如金属板材不均匀加热时的膨胀结果，板材右半部受到左半部的压缩作用，而左半部则受到拉伸作用，拉应力与压应力在物体内部相互平衡。

二、弹性变形和塑性变形

（一）弹性变形

当使物体发生变形的因素去掉之后变形即行消失，这种变形叫作弹性变形。弹性变形的特征为：

（1）应力和应变是直线关系，即遵守虎克定律。

（2）外力只改变原子间的距离；而不破坏原子间的联系，因而外力消失后原子又回到其原来的平衡位置，而物体则恢复到原来的形状。

（3）弹性变形过程材料的基本性质不变。

（二）塑性变形

当使物体发生变形的因素去掉后，物体不能恢复原来的形状，这种变形叫作塑性变形。塑性变形的特征为：

（1）塑性变形是在弹性变形的基础上发生的。

（2）应力和变形不是直线关系，即不遵守虎克定律。

（3）在塑性变形过程中，外力不但改变了原子间距，而且破坏了原来的原子间联系，建立了新的联系。

（4）塑性变形能改变材料的力学性能和物理化学性质。

三、塑性变形的不均匀性

（一）变形和应力不均匀分布的原因

引起变形和应力不均匀分布的主要原因归纳为以下几个方面。

1.外摩擦的影响

圆柱体镦粗时，沿轴向应力的分布是周边低中心部高，其原因是外层所受的摩擦力小，变形阻力小，中间层变形时除受其本身与工具接触表面的摩擦力外，还受到来自外层的阻力。因此，从试件的周边到中心部三向压应力越来越显著，尤其是中心部变形较为困难。为了获得同样尺寸的轴向变形，显然单位压力从周边到中心部是逐渐增加的，应力分布当然是不均匀的。从径向应力作用看来，摩擦力的作用从工具与金属接触表面至远离该表面的中心部是逐渐减弱的，所以导致距该接触表面越远部位所受径向应力越小，故变形较易。

2.变形物体形状的影响

将铅板折叠成窄边、宽边和斜边，在平辊上以相同的压下量进行轧制，结果沿试样宽度上压下率分布不等。中间部分自然伸长小，两边部分自然伸长大，但轧件是一个完整体，于是中部便受到附加拉应力，两边受附加压应力。

3.变形物体性质不均匀的影响

当金属内部的化学成分、杂质、组织、方向性、加工硬化及各种不同相的不均匀分布时，都会使金属产生应力及变形的不均匀分布。由于金属内部缺陷所引起的应力集中，可能超过物体平均应力的好几倍，所以易使部分金属首先变形，并易引起破坏。

4.变形物体温度不均匀的影响

平辊轧制薄钢板（20号），由于加热造成钢板上、下层温差较大，导致轧制时造成缠辊现象。

5.加工工具形状的影响

加工工具形状选择不当时，也会引起金属的不均匀变形。若在凹形辊型中轧制板材时，沿轧件宽度上边部压下量比中部压下量大，对应的边部延伸比中间部分延伸大，伸长较大的边部会被伸长较小的中部拉缩回来一部分，由此而形成波浪或皱纹，此种皱纹称为"边部浪形"。相反，在凸形辊型中轧制板材时，轧件中部压下量比边部压下量大，中部伸长相应大，但受伸长较小的边部拉缩作用，往往形成中间皱纹，称"中间浪形"。

（二）附加应力和基本应力

前面已经讲过，由于不均匀变形的结果，在物体内将产生相互平衡的内力，因而物体内产生了与之相应的应力。因为由此而产生的应力是与外力无关的，所以它对由外力产生的应力而言是附加的，故在变形过程中把物体内部相互平衡的应力叫作附加应力。我们通常把附加应力分成三种。

（1）第一种附加应力。在变形物体内，几个大部分区域之间，由于不均匀变形所引起的应力称附加应力。用凸形轧辊轧制板材时，在板材内引起附加应力。当去掉外力后，此应力残留在钢板内，又称此应力为第一种残余应力。

（2）第二种附加应力。在变形物体内，两个或几个晶粒之间所引起的相互平衡的附加应力，称为第二种附加应力。例如在多晶体金属中，有两种力学性能不同的晶粒（如低碳钢中铁素体与珠光体），屈服点低的晶粒在某一方向比屈服点高的晶粒有更大的尺寸变化。

（3）第三种附加应力。在一个晶粒内各部分间，由于晶格不均匀歪扭，引起相互平衡的附加应力，称此应力为第三种附加应力。如多晶体某个晶粒在塑性变形时，沿滑移面上产生剪切变形，滑移面产生破坏和扭曲，导致接近滑移面的原子晶格的畸变，由此畸变引起晶粒内的各部分间相互平衡的附加应力。塑性变形停止后，称残留在晶粒内的附加应力为第三种残余应力。实验表明，第三种残余应力在塑性变形后占残余应力总数的90%以上。

由于附加应力作用，改变了物体内的应力分布和应力状态，在物体内实际起作用的应力为基本应力和附加应力之合力。通常把这种应力叫作有效应力或工作应力。由此可知，工作应力等于基本应力加上附加应力，或者基本应力等于工作应力减去附加应力。塑性变形停止后留在物体内的残余应力，可用退火方法消除。因为温度高，原子活动能量大，可促使原子由不稳定位置变到稳定位置，此时弹性变形消失，应力也就随之消失。

（三）不均匀变形引起的后果

由于变形和应力的不均匀分布，使物体内产生附加应力，这将会引起下列后果。

（1）变形抗力升高。当应力不均匀分布时，可能加强同名应力状态或使异名应力状态变为同名应力状态。如拉伸带缺口试样（或拉伸出现细颈状态）时，由单向拉应力变为三向拉应力状态，而使变形抗力增加；变形物体各部分应力状态不一致时，变形不均匀，已达到屈服极限值的部分产生了变形，其余部位没有达到屈服极限值，因而没有变形。若使物体各部分同时产生塑性变形，则必须增加外力。

（2）降低金属的塑性。由于应力的不均匀分布，可能出现拉应力而使金属塑性降低或局部应力超过金属的强度极限时，造成金属破坏。

（3）降低产品质量。如上所述，由于变形及应力的不均匀分布，使物体产生附加应力，外力去掉后，则该应力留在物体内成残余应力，使物体的力学性能降低。同样，由于不均匀变形在金属内各个部分的变形程度不同，热处理后各部分的晶粒度亦不同。

（4）工具寿命降低。由于不均匀变形会造成工具不均匀磨损，而降低工具的使用寿命。金属压力加工的金属学基础

我们知道，金属处于固体状态时通常是结晶体。除化学成分外，内部结构和组织状态也是决定其性能的重要因素，这也是我们对其不断地开展研究，以寻求从金属实体创新和发展的目标。

金属结晶过程是由液体状态转变为固体状态，即原子有秩序、有规律排列的结晶体。实际的结晶体本身是有异向性的，会表现出或大或小的差异。在这里，还是要抓住多项影响因素，抓住改善的要点、难点和实用点。

金属压力加工过程中的钢坯加热、热轧程序、轧后冷却，都是金属的再结晶、形变热处理等过程。这一切，是跟金属学的理论密切相关的。理论与实际结合在工业生产过程中是不断完善和改进的过程。

四、金属压力加工金属学基础

（一）金属的塑性变形结构

工业上应用的金属一般都是由无数单个晶粒构成的多晶体，要了解多晶体塑性变形性质，必须先了解单个晶粒或单晶体的塑性变形结构。

1.单晶体塑性变形

单晶体塑性变形的最主要方式是滑移。

滑移是指晶体在外力作用下，其中一部分沿着一定晶面（原子密排晶面）和这个晶面上的一定晶向（原子密排晶向）对其另一部分产生的相对滑移，此晶面称为滑移面，此晶向称为滑移方向。滑移时原子移动的距离是原子间距的整数倍，

滑移后晶体各部分的位向仍然一致。滑移结果，使大量原子逐渐地从一个稳定位置移到另一个稳定位置，晶体产生宏观的塑性变形。

2.多晶体的塑性变形

多晶体是由许多微小的单个晶粒杂乱组合而成的。其组织结构上的特点是：各个晶粒的形状和大小是不同的，化学成分和力学性能也不均匀；而各相邻晶粒的取向一般是不一样的；多晶体中存在大量的晶界，晶界的结构和性质与晶粒本身不同，晶界上聚集着杂质。所有这些都使多晶体的许多性质不同于单晶体。因此，当其中某一个晶粒变形时总要受到晶界和周围晶粒的限制。多晶体塑性变形的主要特点有：

(1) 增强变形与应力的不均匀分布。当多晶体内某相邻两晶粒的力学性能不同，假设A晶粒的屈服点高，B晶粒的屈服点低，在外拉力作用下产生塑性变形时，屈服强度低的B晶粒将比屈服强度高的A晶粒产生更大的延伸变形。

多晶体中各晶粒的取向不同，会使变形与应力的不均匀分布增强。在多晶体内通常存在着软取向（滑移面和滑移方向与外力成45°角的有利方位）和硬取向（不利方位）的晶粒。当逐渐增加外力时，切应力首先在软取向的晶粒中达到临界值，而优先产生滑移变形。对其相邻的硬取向晶粒，由于没有足够的切应力使之滑移，而不能产生塑性变形。这样，硬取向晶粒将阻碍软取向晶粒产生塑性变形，于是在硬取向和软取向的晶粒间产生了应力的不均匀分布。同样在多晶体内也将出现变形的不均匀性。

(2) 提高变形抗力。多晶体在塑性变形中出现了变形与应力的不均匀分布，将会使多晶体的变形抗力升高和塑性降低。

多晶体晶粒的大小对变形抗力有显著的影响，晶粒的大小一般介于0.01～1.0mm之间，或更小一些。这样，在多晶体中，自然存在着大量的晶粒间界，晶粒间界的结构和性质与晶粒本身不同。晶界上的原子是不规则排列的，并聚集有其他杂质。相邻的晶粒彼此相互影响，晶粒间的取向也不同。这就使滑移在晶界处受阻，变形发生困难。要想使滑移由晶内通过晶界传到另一个晶粒，就必须加大外作用力来克服晶界阻力。当拉伸几个相连接的晶粒试样时，其晶界的变形甚小。由此可见，晶界比晶粒本身难于变形，即晶界变形抗力比晶粒本身的变形抗力大。因为多晶体是由许多晶粒组成的，各个晶粒通过晶界而互相紧密地连接着。这样，晶粒越细小，晶界所占的区域相对的就越大，对变形的阻碍作用也就越大。因此，多晶体的变形抗力也就越大。很多金属实验结果表明，屈服极限 σ_S 随着晶粒的大小而发生变化。晶粒越细小，则屈服极限值越高。此外，晶粒越细小，在一定体积内的晶粒数目越多，于是在一定的变形量下，变形会分散在很多的晶粒内进行。这样，就使变形分布得比较均匀，应力集中较小，会使金属具有较高的塑性和韧性。此规律只适用于低温情况，而在高温时就有所不同。由于在晶粒间界处，原子的排列是很不规则的，存在着大量的由点缺陷、线缺陷等所引起的晶格畸变。在高温下畸变晶格的原子将获得较大的能量，当受外力作用时会出现沿晶粒界面的黏滞性流动，而使晶粒间界的强度降低。因此，一般说来，高温时粗晶粒材料要比细晶粒材料有更高的高温强度。

如果在多晶体金属中存在有脆而硬的第二相时（例如钢中的Fe_3C），它们将分布在具有较高塑性的软基体上，并阻碍基体金属的塑性变形，从而能使多晶体金属的变形抗力增加。

（3）出现方向性。在塑性变形中晶粒形状和取向将发生变化，晶粒的某一同类晶面和晶向沿一定方向排列（出现择优取向），就产生了所谓织构，使金属产生各向异性。

（4）除晶粒内部变形外，在晶界上也发生变形。多晶体金属在塑性变形过程中，晶粒的形状和取向发生改变的同时，晶粒彼此间也发生相对的移动。就是说除晶粒内部变形外，在晶界上也发生变形。因为晶界上变形会导致晶粒间的联系破坏，所以应尽可能避免。

（二）加工过程中的硬化和软化

1.加工硬化过程

多晶体塑性变形将导致金属的力学、物理及化学性能的改变。随着变形程度的增加，变形抗力的所有指标（如屈服极限、强度极限和硬度）都增大，而塑性指标（如伸长率、断面收缩率）都减小，同时还使电阻升高、抗腐蚀性和导热性下降。金属在塑性变形过程中产生这些力学性能和物理化学性能变化的综合现象叫作加工硬化。

产生加工硬化的原因很多，大致可归纳为如下几点：

（1）几何硬化。由于在滑移过程中，滑移面的方位发生改变，使产生滑移的滑移面偏离有利的滑移方向（与外力成45°角的方向），为使金属继续变形则必须加大外力。

（2）物理硬化。在滑移过程中，原子的滑移层的晶格发生畸变及破坏，阻碍了滑移面进一步滑移而使变形抗力增加。

（3）在多晶体中，由于在变形过程中晶粒间相对转动，使晶界遇到破坏使塑性指标下降或由于晶粒转动的结果产生几何硬化。当晶粒转至滑移面上且分切应力等于零时，而使晶内变形处于极不利的地位。特别是当法向拉应力达到一定值时，则可能使物体产生脆性破坏。

（4）在多晶体中，由于组织（晶粒大小、相组成、化学成分偏析等）不均匀和不均匀变形引起的附加应力及残余应力，从而使其塑性降低变形抗力增加。

影响加工硬化的因素亦很多，归纳起来主要有以下几方面：

（1）金属本身的性质。不同的金属其晶格不同，化学成分不同，组织不同，所含杂质的多少及成分亦不同，所以，对加工硬化的敏感性亦有所不同；

（2）变形程度的大小。变形程度增加，则加工硬化的程度也随之增加；

（3）变形速度的高低。当变形速度增加时，加工硬化程度加剧，但是，当变形速度达到一定值时，由于热效应的作用使金属温度升高而产生了软化现象，此时所呈现的加工硬化反而会下降。

加工硬化现象有其重要的实际意义。从变形角度看，如果金属仅有塑性变形而无加工硬化，就难以得到截面均匀一致的冷变形。这是因为凡是出现变形的地方必然会有硬化，从而使变形分布到其他暂时没有变形的部位上去。从改善性能的角度看，加工硬化对那些用一般热处理无法使其强化的无相变的金属材料是更加重要的强化手段。另外加工硬化也有其不利的一面。如在冷轧、冷拔等冷加工过程中由于变形抗力的升高和塑性的下降，往往使继续加工发生困难，需在工艺过程中增加退火工序，以消除加工硬化。

加工硬化金属其组织特点之一是晶粒被拉长。金属与合金在冷变形中，随着外形的改变，其内部晶粒形状也大体上发生相应的变化，即都沿最大主变形的方向被拉长、拉细或压扁。晶粒被拉长程度取决于主变形图示和变形程度。两向压和一向拉伸的主变形图示最有利于晶粒的拉长，其次是一向压缩和一向拉伸的主变形图示。变形程度越大，晶粒形状变化亦越大，同时金属中的夹杂物和第二相也在延伸方向被拉长或破碎而呈链条状排列。这种组织称为纤维组织。由于纤维组织的存在，使变形金属的横向（垂直于延伸方向）力学性能降低。另一组织特点是形成变形织构。

2.加工软化过程

金属的回复和再结晶过程就是软化过程。

（1）回复

回复现象是依靠对变形金属的加热，而使其原子运动的动能增加，借以增加其热振动，使偏离稳定位置的原子恢复到稳定位置。由于回复的结果，部分恢复了由变形所改变的力学、物理及物理化学性质。如电阻大部分得到回复，而力学性能（如强度和硬度指标）只能部分回复（降低20%～30%）。由于回复温度不高，原子不能发生很大位移，因此回复不能改变晶粒的形状和方向性，同时也不能回复晶粒内及晶间的破坏现象。

（2）再结晶

由于加热温度的升高，原子获得了巨大的活动能力，金属的晶粒开始发生变化，由破碎的晶粒变为整齐的晶粒，由拉长的晶粒变为等轴晶粒，此结晶过程称为金属的再结晶。

再结晶完全消除了加工硬化所引起的一切后果，使拉长晶粒变成等轴晶粒，消除了晶粒变形的纤维组织及与其有关的方向性，消除了在回复后尚遗留在物体内的残余应力；恢复了晶内和晶间的破坏，消除了由于变形过程产生在金属内的某些裂纹和空洞；加强了变形扩散机构的进行，而使金属化学成分的不均匀性得到改善；恢复了金属的力学性能（变形抗力降低，塑性升高）和物理、物理化学性质。

（三）金属的冷变形和热变形

在金属压力加工中，随着变形程度的增加，根据变形温度和变形速度的不同，在变形体中可能产生硬化、回复和再结晶等程度的不同，亦即变形结果是不同的。为此，我们把金属的塑性变形分为冷变形、热变形、不完全冷变形和不完全热变形。

1.冷变形

金属压力加工过程中，只有加工硬化作用而无回复与再结晶现象的变形过程，叫作冷变形。冷变形在低于再结晶温度（$<0.3T_r$）的条件下发生。

冷变形后产品的强度指标（σ_b、σ_s）增加，塑性指标（δ、ψ）降低，致使金属严重硬化。欲想继续进行塑性加工，则必须加以软化退火。

2.热变形

对于在再结晶温度以上，且再结晶的速度大于加工硬化速度的变形过程，即在变形过程中，由于完全再结晶的结果而全部消除加工硬化现象的变形过程称为热变形。这种变形过程不但能提高金属的塑性，降低变形抗力，同时，变形后可使金属获得等轴的再结晶显微组织。热变形通常发生在（$0.9\sim0.95$）T_r 的温度范围内。

热加工变形可认为是加工硬化和再结晶两个过程的相互重叠。在此过程中，由于再结晶能充分进行和靠三向压应力状态等因素的作用，将对其金属性质有如下影响：

（1）改善铸造金属组织，增加密度，改善力学性能和降低化学成分的偏析与组织的不均匀性。热变形过程中，当金属内有降低其力学性能及塑性的铸造柱状组织时，经过变形使其破碎变细，并由再结晶形成新的等轴晶粒。若用三向压应力状态图示加工，还可以焊合铸锭内部气孔和未被沾污的裂纹。这样一来，增加了金属的密度，并改善了力学性能。在足够的变形程度和适当的温度及速度条件下，可以得到均匀的等轴晶粒组织，致使变形抗力指数及塑性指数皆有提高。

（2）改善热变形金属的本身性质。热变形不仅能改善铸造组织及性质，同时还可以改善热变形物体本身的性质。这是由于在热变形过程中，扩散和再结晶可使其化学成分变得更加均匀，同时随着变形程度的增加，再结晶后的晶粒会变小，金属内的晶粒越小则力学性能越高。由此，只要掌握再结晶图，控制变形程度、变形过程与变形终了温度，使之获得均匀的所需一定大小晶粒的良好条件，则可保证产品的质量。但热变形不能改变由非金属夹杂物所造成的纤维组织。铸造金属在热加工变形中所形成的纤维组织与在冷加工变形中由于晶粒被拉长所形成的纤维组织不同，前者是由于铸造组织中晶界上非溶物质的拉长造成的。因为在铸造金属中存在有粗大的一次结晶的晶粒，在其边界上分布有非金属夹杂物的薄层。在变形过程中这些粗大的晶粒遭到破碎并在金属流动最大的方向上拉长。与此同时，含有非金属夹杂的晶间薄层在此方向上也拉成长形。当变形程度足够大时，这些夹杂可被拉成线条状。在变形过程中，由于完全再结晶结果，被拉长的晶粒可变成许多细小的等轴晶粒，而位于晶界和晶内的非溶物质却不能因再结晶而改变，仍处于拉长状态，形成纤维状组织。一般情况下，纤维方向只能用变形的方法来改变，由于压力加工的方式不同，这种纤维组织的方向也是不同的。轧制和拉拔时，纤维平行于延伸方向。

3.不完全冷变形

在金属压力加工过程中只具有加工硬化及回复现象，而无再结晶现象的变形称为不完全冷变形。不完全冷变形发生于 $0.37T_r$，$-0.4T_r$，在温度范围内。由于回复作用的结果，加工硬化现象和残余应力减少，变形抗力降低，塑性提高了。这种变形可在室温下采用高变形速度（靠变形热升温）来获得。这种变形过程是一种合理的变形过程。它不仅提高设备的生产能力，同时因使金属达到较高的变形程度时不必经过中间退火而降低了成本。故在金属压力加工中，常常采用这种变形方式。

4.不完全热变形

金属在变形过程中，除有加工硬化外，同时尚有回复与部分的再结晶的变形过程，叫作不完全热变形。不完全热变形发生在 $(0.5 \sim 0.7)T_r$ 的温度范围内。这种变形过程使金属组织不均，因而使金属塑性降低，变形抗力升高，金属中可能有部分破裂而未恢复，并且有使设备破坏的可能。因此在实际生产中应尽量避免不完全热变形。不完全热变形可能发生于稍高于再结晶的温度，随着变形速度的增加其发生的可能性亦增加。故在加工再结晶速度较小的高合金钢时应特别注意。

（四）金属的塑性

1.金属塑性的概念

金属塑性是在外力作用下发生永久变形而不损害其整体性的性能。在这里我们不要把塑性和柔软性混为一谈，因为柔软性是表示金属的软硬程度（即变形抗力的大小），而塑性则表示金属能产生多大变形而不被破坏。例如铅既柔软而塑性也很好（可在很大变形程度下变形而不破坏）。又如奥氏体不锈钢，在冷状态下塑性很好，但是它却很硬，具有很大的变形抗力，所以说它具有很小的柔软性。一般来说金属和合金在高温度区域变形抗力小，具有良好的柔软性，但不能同时具有良好的塑性。因为若过热、过烧，则变形时就要产生裂纹或破裂，表现塑性很差。

塑性不仅取决于金属的自然性质，而且也取决于压力加工过程中的外界条件。也就是说金属和合金的塑性，不是一种固定不变的性质，而是随着许多外界因素而变化。根据实验证明，压力加工外部条件比金属本身的性质对塑性影响更大。例如铅，一般来说是塑性很好的金属，但使其在三向等拉应力状态下变形，铅就不可能产生塑性变形，而在应力达到铅的强度极限时，它就像脆性物质一样被破坏。

金属和合金的塑性，并非固定不变的一种性能，则完全有可能靠控制变形时各种条件加以改变，使其有利于进行压力加工。例如，过去认为是难以甚至是不能进行压力加工的低塑性金属和合金现已能够顺利地进行加工，就是这方面的例子。

2.塑性指数

在生产中，金属适合于压力加工的性能 - 塑性，需用一种数量指标来表示，这就是塑性指数。由于塑性是一种依各种复杂因素而变化的加工性能，因此很难找出一个单一的指标来反映其塑性特征。到目前为止，在大多数情况下，还只能用依靠某种变形方式的试验来确定破坏前试样的变形程度。

3.影响金属塑性的因素

（1）金属的成分与组织影响

化学成分对塑性影响。纯金属及呈固溶体状的合金塑性最好，而呈化合物或机械混合物状态的合金塑性最差。例如纯铁有很好的塑性，碳在铁中的固溶体（奥氏体）的塑性也很好，而当铁中存在大量化合物 Fe_3C 时金属变脆。钢中含碳量增加时，则钢的强度极限升高，而塑性指数下降，延伸性能降低。

合金钢、高合金钢的合金成分中所含的铬、镍、锰、钼、钨、钒等，对塑性影响是具有多样性的。例如钢中锰含量增加，塑性降低，但降低程度不大，当钢中含铬量大于30%时，即失去塑性加工能力。

在钢中的一些与铁不形成固溶体，而成化合物的元素，例如硫、磷或不溶于铁的铅、锡、砷、锑、铋存在于晶界，加热时即行溶化，而削弱了晶间联系使金属塑性降低或完全失掉塑性。再如硫和铁形成易溶的低熔点的物质，其熔点约为950℃，这些硫化物在初次结晶的晶粒周围，以网状物存在，当加热温度升高时，它们熔化而破坏了晶间联系，导致塑性降低。

气体（氢、氧）及非金属夹杂物（氮化物、氧化物），当其在晶界上分布时同样会降低金属的塑性。氢气是钢中产生"白点"缺陷的主要原因，也是造成钢材产生裂纹的原因之一，因此现代炼钢均采用真空脱气处理，以净化钢水。

金属组织结构对塑性影响。晶粒界面强度、金属密度越大，晶粒大小、晶粒形状、化学成分、杂质分布越均匀及金属可能的滑移面与滑移方向越多时，则金属的塑性越高。例如铸造组织是最不均匀的，塑性较低。因此，生产上用热变形法将铸造组织摧毁，并借助再结晶和扩散作用使其组织均匀化。在变形前采用高温均匀化方法也可使合金成分均匀一致，提高其塑性。例如Cr25Ni20合金钢在1250℃经过扩散退火，一个小时后可消除铸造中的枝状偏析，然后以适当的温度热轧时其允许压缩率可达60%～65%。多相合金的塑性大小取决于强化相的性质、析出的形状和分散度，还取决于强化相在基体中分布的特点、溶解度以及强化相的熔点。一般认为强化相硬度和强度越高、熔点越低、分散度越小，在晶内呈片状析出及呈网状分布于晶界时，皆使合金塑性降低。

（2）变形速度对塑性影响

变形速度对金属塑性影响较为复杂。一方面，当增加变形速度时，变形的加工硬化及滑移面的封闭，使金属的塑性降低；另一方面，随着变形速度的增加，由于消耗于金属变形的能量大部分转变为热能，而来不及散失在空间，因而使变形金属的温度升高，使加工硬化部分地或全部得到恢复而使金属的塑性增加。

（3）变形力学图示对金属塑性的影响

前面已讲过，应力状态图示的改变，将会在很大程度上改变金属的塑性，甚至会使脆性物体产生塑性变形，或使塑性很好的物体产生脆性破坏。当应力越强，特别是在显著的三向压应力状态下，由于三向压应力妨碍了晶间变形的产生，减少了晶间破坏的可能性。反之，当拉应力数值越大，数目越多，特别是在显著的三向拉应力状态下，由于增加了晶间破坏的可能性，而使塑性降低。

（4）变形程度对塑性影响

冷变形时，变形程度越大，加工硬化越严重，则金属塑性降低；热变形时，随着变形程度增加，晶粒细化且分散均匀，故使金属塑性提高。

五、金属压力加工的摩擦学基础

金属压力加工中的外摩擦指变形金属与工具接触表面间产生的摩擦；内摩擦是指变形金属内部各个部分之间和滑移变形所产生的摩擦。内摩擦在金属压力加工力学中的论述和分析较多，因其影响受力状态较直接。

（一）金属压力加工中的外摩擦特点

摩擦学是研究物体相对运动时，相互作用于接触表面的科学。金属压力加工过程的力能消耗、变形特性、工具磨损、产品质量、设备功能和生产效率等，都同摩擦条件密切相关。

金属压力加工中的外摩擦是指变形金属与工具接触表面上产生的摩擦；相对应的内摩擦是变形金属内部各个部分之间的相对运动（如滑移变形等）而产生的摩擦。这里的着眼点是外摩擦，金属压力加工中的外摩擦具有生产工艺上的实际意义。

金属压力加工中的外摩擦与一般机械的摩擦是不同的，它具有如下特点：

（1）接触面上的单位压力非常大。这是金属塑性变形所要求的，加工变形过程中接触面积增加，金属流动阻力增大，单位压力随之增加。为此，生产实践中采用"工艺润滑"技术（优选润滑方法、配制润滑剂），用以降低单位压力。

（2）摩擦过程中金属表面状态不断变化。金属在变形区内表面积不断扩大，原来表面的氧化膜、润滑膜不断破坏，新生表面依次袒露、表面更新，结果使摩擦及工具黏着和磨损加剧。这就要求采用工艺润滑，以达到防止黏着，降低摩擦及减少磨损的作用。

（3）界面温度条件更加恶劣。金属变形热、表面摩擦热等因素，使温度波动或升高，这势必会改变摩擦面的接触性质、改变黏着度和磨损程度。通过工艺润滑，也可实施冷却、控温的作用。

（二）金属压力加工中的外摩擦种类及其影响

1.金属压力加工中的外摩擦种类

金属压力加工过程中，金属变形的变形温度、变形程度、变形速度等工艺条件是复杂多变的。在外力的作用下，变形金属充满工具表面，由于啮合（交锁）与黏着（焊合）作用，金属与工具表面产生相对运动。按接触界面上复杂多变的状态，则可出现如下的外摩擦：干摩擦、流体润滑摩擦、边界摩擦等。

（1）干摩擦。是指表面上没有润滑的摩擦。润滑较困难的锻压过程、无润滑挤压及其他不加润滑剂的加工过程都有可能出现干摩擦状态。

（2）流体润滑摩擦。是指在接触上存在一层较厚的流体润滑膜内发生的摩擦。

在高速轧制与拉拔生产时所采用的"工艺润滑",就是这种状态。

（3）边界摩擦。是指润滑剂对金属表面的物理、化学吸附作用出现一层只有几个分子厚的边界润滑膜的摩擦。可见它的状态，类似于流体润滑摩擦。

实际上，金属压力加工时的摩擦条件比较恶劣，理想的流体润滑及边界润滑状态较难出现。整个接触面上为单一的摩擦润滑状态较少，多为混合状态，如流体－边界摩擦、流体－干摩擦、边界－干摩擦等。

2.外摩擦对金属压力加工过程的影响

在实际的金属压力加工过程中，接触面上的摩擦规律除与接触表面的状态（粗糙度、润滑剂等）有关外，还与变形区的几何因素（形状、尺寸等）有关，也与变形力学条件（应力－变形状态）有关。

由此可见，接触面上的外摩擦对金属压力加工过程会产生多方面的影响：

（1）使金属在变形时的实际变形抗力增大，力能消耗增大。这是因为加工过程中容易发生变形金属与工具间的黏着（焊合），在出现相对滑动时就会使金属微粒转移，变形金属黏附在工具的表面上，结果改变摩擦表面状态和性质；进而增大摩擦与变形力能消耗，乃至损伤产品表面，缩短工具使用寿命。

（2）引起金属不均匀变形，影响产品性能，降低成品率。不均匀变形与外摩擦的作用密切相关，金属变形（流动）时摩擦力大小及摩擦分布会发生变化，这种变化又对金属变形产生格外的影响。加工过程中同样伴随黏着、磨损现象，结果会影响产品表面质量及尺寸精度，降低成品率。

（3）加工工具磨损及消耗增大，提高生产成本。加工所用的工具虽然硬度比变形金属高得多，但其往往是在高压、高速及高温条件下连续使用。它的表面通过质点转移而使金属产生脱落等现象，出现严重磨损，这不仅影响产品表面质量及尺寸精度，而且增大了工具消耗，提高生产成本。

3.金属压力加工中的外摩擦有效利用

在实际生产中，摩擦并非是一无所长，有时可以直接加以利用，有时则想方设法变害为利。

在金属压力加工中利用外摩擦包括以下几个方面：

（1）在初轧机或开坯轧机上轧制时，特意增大摩擦可大大改善咬入条件，相对增加压下量，强化轧制过程。往往在轧辊面上采取刻痕或堆焊焊点等变粗糙的措施，以增加轧辊的摩擦系数，进而改善轧辊的咬入条件，增大压下量，提高轧机生产能力。

（2）在冲压生产中增大冲头与板料之间的摩擦可使变形量加大，强化生产工艺，减少由于缩颈冲裂等造成的废品。在这里，摩擦的有效利用还要与模具部位、润滑状况联系起来。

（3）在挤压生产中采取无润滑挤压等增加摩擦的措施，有利于减少产品缩尾。挤压的最后阶段挤压力变得很大时，坯料后端的金属趋于沿挤压垫片端面流动而产生缩尾。由此不难看出，若金属与挤压垫片之间的摩擦减小，金属向内流动就越容易，产生的缩尾就越长；反之，增加摩擦会减少缩尾。

（三）金属压力加工中的工艺润滑

日常生活中熟知的机械等润滑，是指机械等运动部件之间的润滑；而金属压力加工中的工艺润滑是指变形金属与工具接触表面上的润滑。后者是生产工艺要素，是在变形金属与工具接触表面上优选润滑方法、配制润滑剂等，从而实现"工艺润滑"。

1.工艺润滑的目的及其作用

（1）工艺润滑的目的

第一，降低金属变形时的力和能量消耗。选用有效的润滑，可以减少或消除变形金属和工具间的直接接触，使接触表面间的相对滑动在润滑层内部进行。由此减小变形区接触表面的摩擦系数和摩擦阻力，以及由于摩擦阻力所造成的附加变形抗力，从而降低金属变形时的力能消耗。

如轧制过程的工艺润滑使摩擦阻力减小，改善变形条件，又可增加道次压下量和减少道次，还可提高轧制速度；板材冷轧工艺润滑能使金属变形所需的轧制压力显著减小，从而使轧辊压扁减小、轧辊磨损减少、轧辊和轧材温度降低，因此还能轧出更薄的产品。

第二，提高产品质量。影响产品质量的因素有以下几点：①当变形金属与工具接触表面直接接触时会产生黏着以及磨损，进而导致产品表面黏伤、划道、异物压入和尺寸超差等缺陷；②摩擦阻力对金属表层与内部质点塑性流动阻碍作用的显著差异，致使各部分的变形程度（晶粒组织结构破碎程度）明显不同；③变形金属与工具表面的接触面积往往很大，内部金属转移到表面上，接触压力很大，会在金属全部或局部接触面上存在滑动；④各种不同的金属趋向黏结的程度也不相同，在黑色金属轧制中不锈钢的黏结趋向就很明显，很多有色金属如铝及其合金、钛、锌、铜等在轧制中极容易发生黏结现象。

在影响产品质量的因素中，可优选有效的润滑方法，利用润滑剂的"防黏降摩"作用，可提高产品表面质量和内在质量。

第三，减少工具磨损，延长工具使用寿命。工艺润滑能消除或减弱变形金属与工具间的黏结，以及在接触过程中元素的相互扩散，起到减少摩擦、降低接触面压力、工艺冷却等作用，进而保证工具具有足够的强度，使工具磨损减少、寿命延长。

总而言之，金属压力加工中的工艺润滑会极大地影响产品质量，这一工艺要素在整个生产工艺过程中是至关重要的。

（2）工艺润滑的作用

不难理解变形金属与工具接触面上存在润滑剂时，由于其相对运动出现一层润滑膜，则形成工艺润滑条件。工艺润滑大都属流体润滑，其作用实质是变形金属与工具表面被一层流体润滑膜隔开，由流体的压力平衡外部载荷，流体层中的分子大部分不受金属表面原子引力场的作用，可以自由地做相对（切向）运动，通常称此润滑状态为流体润滑。

不同的金属压力加工方法对润滑剂导入的方式是不同的。如轧制、拉拔是连续导入且产生较高的相对运动速度，从而具备形成流体润滑条件；挤压、锻冲采取事先对金属（坯料）或工具表面进行一次性的润滑剂涂抹，这就很难保证润滑剂在整个变形过程中起到"防黏降摩"作用。后者往往多处于间断生产，相对的产量也少，暂且不再过多考虑。

着眼点是对流体润滑条件的研究和完善。流体润滑的主要优点是摩擦阻力小，其摩擦系数可小至 $0.001 \sim 0.008$。摩擦大小完全取决于流体的性质，而与其摩擦表面的材质无关。确切地说，流体润滑的建立主要取决于润滑流体的性质以及影响变形金属与工具接触表面相对运动的有关因素。诸如润滑剂的黏度增大，轧件伸长率增大，表面粗糙度增加；润滑膜温度超过规定范围，则会发生散乱、熔化等；变形金属与工具表面间的相对运动速度，可改变其切向阻力、润滑膜温度等；作用在接触面上的压力，对润滑膜的性质乃至使润滑膜破裂的程度都会有显著影响。这些均属专业技术问题，我们就不再详细介绍了。

2.工艺润滑剂

金属压力加工过程具有高压、高温、高速以及金属基本连续变形，接触表面不断更新的特点，多种加工方式和不同的工艺条件要求。为此，必须在种类繁多和性能各异的、不同类型或不同组成的润滑剂中选择与之相适应的。

（1）工艺润滑剂的基本要求

①变形金属与工具表面应有较强的黏附能力，保证形成强度较大且较完整的润滑膜，从而减小变形金属与工具表面的摩擦系数和摩擦力。

②要求有适当的黏度，既要保证有一定的润滑层厚度和较小的流动阻力，又要便于喷涂到变形金属和工具上，并保证使用和清理方便。

③润滑剂成分和性质要稳定，以保证润滑效果，避免腐蚀变形金属与工具表面。

④要求有适当的闪点及燃点，避免在金属压力加工过程中过快地挥发或烧掉，失去润滑或减少摩擦效果，并保证安全生产。

⑤保证有较好的冷却性能，以便对工具起到冷却、调控作用，提高工具寿命和产品质量。

⑥润滑剂本身或其生成物（烟、尘、气体）要求无毒、无难闻气味，不污染环境，净化简单。

⑦杂质和残留物应符合要求，以保证产品不出现各种斑迹，避免污染产品表面。

⑧资源丰富，成本低廉。

（2）工艺润滑剂的种类

工艺润滑剂按其形态可分为：液体润滑剂、固体润滑剂、液-固润滑剂、熔体润滑剂。其中液体润滑剂使用最为广泛，通常又可分为纯油型（矿物油、动植物油）和水溶型（油水乳化液）两类。

①液体润滑剂

在金属压力加工中采用的矿物润滑油有：变压器油、12号机油、20号机油、11号汽缸油、24号汽缸油、28号轧机油等。除以纯油方式使用外，还可加入少量防腐添加剂、洗涤剂、抗氧化剂等作为混合润滑剂使用。

矿物润滑油都是从石油中提炼而成的，其种类繁多、来源丰富、成本低廉，故使用最为广泛。

在金属压力加工中采用的动植物润滑油有：牛油、猪油、鲸油，以及棕榈油、蓖麻油、棉籽油、葵花子油等。动物油和植物油，都是甘油酯和高分子脂肪酸的复杂混合物。

动植物润滑油的分子组成，除含有矿物润滑油分子组成的碳、氢元素外，还含有氧元素。因此，动植物润滑油在性质上与矿物润滑油相比有许多不同之处，前者的润滑性能更好。

动植物润滑油和矿物润滑油虽然具有优良的润滑性能，但冷却性能差是它们的共同弱点。因此在某些压力加工过程中，特别是轧制及高速拉拔时，为了冷却工具，控制轧辊辊型及模孔尺寸，以获得良好的产品形状、尺寸精度，提高工具使用寿命，保证达到要求的润滑效果等，常常采用含有水的冷却-润滑乳液。

在一般情况下，油与水是不能混溶的，只能通过乳化作用获得理想的乳化液，以满足工艺润滑及工艺冷却的要求。

乳化液是一种以细小液滴形成的液相，分布于另一种液相中，形成两种液相组成的足够稳定的系统。也就是说将两种不相混溶的液体（如油与水）放在一起搅拌时，一种液体会呈现液滴状并分散于另一种液体中，添加乳化剂（如皂类）使两种液体间产生乳化作用，即形成乳化液。

通常乳化液包含有基础油（多为矿物油）、乳化剂、添加剂（能改进润滑性能）、水四种成分。常见的乳化液有两类，即水包油型和油包水型，金属压力加工中使用的乳化液多为前者。

②固体润滑剂

在金属压力加工中采用的固体润滑剂有：二硫化钼、石墨、石蜡以及脂肪酸钠和脂肪酸钙等固体皂粉。

使用最多的是粉末状的石墨和二硫化钼，由于它们具有优良的耐压、耐热和润滑性能，从而被广泛用于高强度材料和高温条件下的加工过程，诸如挤压、锻造以及轧管时钢管芯棒的润滑。

③液－固润滑剂

以液状悬浮液使用的液－固润滑剂。把固体润滑剂粉末悬浮在润滑油中，构成液－固两相悬浮液。

以溶液状甚至糊膏状使用的液－固润滑剂。把固体润滑剂粉末过量地混合到润滑油中，分别呈溶胶状或糊膏状。

④熔体润滑剂

在金属压力加工中采用的熔体润滑剂有：玻璃、沥青、石蜡也属此类。熔体润滑剂的作用机理与流体润滑剂相同，它们与温度很高的金属表面相接触被熔化，在摩擦界面上形成一层黏度很高的流体润滑膜，使两表面脱离了直接接触，并使相对切向移动出现在熔体内部，起到"防黏降摩"、提高工具使用寿命的作用。

对于加工某些温度高、强度大、变形金属与工具表面黏着性强、易受空气污染的钨、钼、钽、铌、锆、钛等金属，在某些钢材的热锻、热挤压等过程中，应选用可在整个加工过程中呈现熔融状态的熔体润滑剂，来满足"防黏降摩"、减少工具磨损等工艺要求。综上所述，在金属压力加工生产及其技术发展中，有很多都与摩擦学密切相关。金属压力加工中的摩擦、磨损及润滑对金属塑性变形过程、变形力能消耗、金属产品的表面和内部质量、工具磨损，以及反映到最终的经济效益都有非常大的影响。现已被普遍重视并大力开展金属压力加工摩擦学理论研究，广泛应用于生产实际中[①]。

---

① 李生智.金属压力加工概论［M］.北京：冶金工业出版社，1984.

第六章　金属成型方法

第一节　金属凝固

凝固是指从液态向固态转变的相变过程，广泛存在于自然界和工程技术领域。从水的结冰到火山熔岩的固化，从钢铁生产过程中铸锭的制造到机械工业领域各种铸件的铸造，以及非晶、微晶材料的快速凝固，半导体及各种功能晶体的液相生长，均属凝固过程。几乎一切金属制品在其生产流程中都要经历一次或一次以上的凝固过程。

凝固技术是以凝固理论为基础进行凝固过程控制的工程技术，是对各种凝固过程控制手段的综合应用。其目标是以尽可能简单、节约、高效的方法获得具有预期凝固组织的优质制品。

凝固过程与控制是根据热力学、物理冶金学、流体力学及传热传质原理，采用科学实验及计算机模拟技术等方法，研究金属材料制备、铸造成型、熔焊，以及新型金属、半导体与其他无机非金属材料液相法制备过程中的液—固相变原理与过程控制技术，实现材料组织性能控制与优化的技术科学领域。其主要研究对象涉及以下几个方面：

（1）金属材料制备，包括合金熔体的成分控制，熔体的变质及微合金化处理，熔体中夹杂、杂质与气体的去除，铸锭的凝固过程控制，金属液的雾化与粉体材料的制备。

（2）金属材料的成型加工，包括铸造过程的充型行为，凝固过程的形核，固相的生长形态与凝固组织控制，凝固缺陷的形成与控制，焊接过程中的熔化与凝固行为，喷射成型过程凝固特性，其他液相法材料成型过程的形状与组织控制。

（3）无机非金属材料的合成与晶体生长，包括化合物晶体材料的合成，熔体法晶体生长，溶液法晶体生长，区熔法及其他凝固方法晶体生长与材料提纯的技术。

（4）非平衡新材料的研制，包括快速凝固及其非晶、准晶、微晶、纳米晶材料的制备，高压等特殊条件下的凝固过程控制与非平衡材料制备，激光、等离子体、电子束等高能束在凝固控制中的应用。

（5）凝固过程的多尺度、多学科建模与仿真。

凝固研究的目标是揭示各种控制及非控制条件下的液—固相变原理及其相结构与组织结构的形成规律。以此为基础，探索控制材料相结构和微观组织结构，优化材料性能的新原理、新方法、新技术。

熔化是凝固的逆过程，即从固态到液态的相变过程。随着半固态加工、熔焊过程、化合物材料的合成及其熔体结构控制等材料技术的进展，熔化过程的研究应用日益重要。同时，对熔化过程深层次规律的研究，可以加深人们对凝固过程的认识，并有助于发展和丰富相变理论。

凝固成型属液态金属质量不变过程。它是将满足化学成分要求的液态合金在重力场或其他力作用下引入到预制好的型腔中，经冷却使其凝固成为具有型腔形状和相应尺寸的固体制品的方法。

一般将液态金属凝固成型获得的制品称为铸件，因此这种成型方法通常称为铸造。凝固成型方法最突出的特点是适应性极强。它能铸出小至几克、大至数百吨，壁厚从 0.2mm 至 1m，长度从几毫米至十几米，形状从简单到任意复杂的制品；金属种类从有色、黑色到难熔合金均可。也就是说，凝固成型不受制品尺寸大小、形状复杂程度和合金种类的限制。这是任何其他金属成型加工方法所不能比拟的。

凝固成型的基本过程是充填和凝固。充填或称浇注是一种机械过程，用以改变材料的几何形状；凝固则是液态金属转变为固体的冷却过程，即热过程，用以改变材料的性能。按工艺形态学观点，可以进行如下描述：液态材料在场的作用下产生的质量力，为其有效的运动提供了能量，作为传递介质的铸型，则为材料提供了形状信息，而材料的性能信息来自材料自身状态的转变特性和介质传热特性。

凝固过程中热量传递方式有传导、对流和辐射。材料所具有的热量通过这三种方式传递给铸型或环境，使得材料自身冷却。凝固过程中一方面使材料的几何形状固定下来，另一方面赋予材料所希望的性能信息。从微观来看，凝固就是金属原子由"近程有序"向"远程有序"或"远程无序"的过渡，使原子成为按规则排列的晶体或无序排列的非晶体；从宏观来看，凝固就是把液态金属所具有热量传给环境，使之形成一定形状和性能的固体（铸件）。

由于凝固在成型中的重要作用，因此了解和认识液态向固态的转变和控制凝固对获得内部组织合格的铸件是很关键的。在实际工程中，为了便于不同材料的成型，人们已发明和建立了许多凝固成型方法。从如何获得健全的、满足工程上各种不同要求的铸件来说，尽管凝固成型方法繁多，但在成型加工中都存在以下三个基本问题或关键问题应予考虑，即：

（1）凝固组织的形成与控制。凝固组织包括晶粒大小、形态等，它们对铸件的物理性能和力学性能有着重大的影响。控制铸件的凝固组织是凝固成型中的一个基本课题，能随心所欲地获得所希望的组织是长期以来人们所追求的目标之一。但由于铸件组织的表现形式受许多因素的影响和制约，欲控制凝固组织，就必须对其形成机制和过程有深层次的认识。关于凝固组织的形成机理和影响因素已有了广泛研究，且建立了许多控制组织的方法，如孕育、动态结晶、定向凝固等。

（2）凝固缺陷的防止与控制。凝固缺陷对产品质量是一个严重的威胁，是造成废品的主要原因。存在十铸件上的缺陷五花八门，有内在缺陷和外观缺陷之分。由于凝固成型时条件的差异，缺陷的种类、存在形态和表现部位不尽相同。液态结晶收缩可形成缩孔、缩松；结晶期间元素在固相和液相中的再分配会造成偏析缺陷；冷却过程中热应力的集中可能会造成铸件裂纹。这些缺陷的成因对所有铸造合金都相同，关键是在实际凝固成型中如何加以控制，而使铸件中的缺陷消除或降至最低程度。此外，还有许多缺陷如夹杂物、气孔、冷隔等，出现在充填过程中，它们不仅与合金种类有关，而且还与具体成型工艺有关。总之，在各种凝固成型方法中，如何与缺陷作斗争仍是一个重要的基本问题。

（3）铸件尺寸精度和表面粗糙度控制。在现代制造的许多领域，对铸件尺寸精度和外观质量的要求越来越高，也正是这种要求促使了近净成品铸造技术的迅猛发展，它改变着铸造只能提供毛坯的传统观念。然而，铸件尺寸精度和表面粗糙度要受到凝固成型方法和工艺中诸多因素的制约和影响，其控制难度很大，这阻碍着近净成品铸造技术的发展。这一基本问题涉及各种成型方法和许多工艺措施，而且随着成型方法、合金、铸型的不同而不同，在一种成型方法中很奏效的措施可能在另一种成型方法中毫无效果。

第二节　金属液态成型

金属液态成型是一种用液态金属生产制品的工艺方法。将金属熔化，成为具有良好流动性的液体，在重力场或其他力（压力、离心力、电磁力等）作用下充满铸型，经凝固和冷却成为具有铸型型腔形状的制品，所铸出的金属制品称为铸件。铸件的生产在工业生产中占有十分重要的地位。如今，古老的铸造技术，已由经验走向理论化，由技艺走向科学化，而且，今后必将发生重大的变革。但是，铸件的形成过程有其基本规律和内在联系。因此，本章着重阐述金属从液态到固态转变过程中的基本规律和内在联系，以及从液态到固态转变过程中影响金属性能和铸件质量的一些基本因素。

一、液态金属的结构和性质

在物质的固、液、气三态中，关于液体我们知道得最少。结晶固体是由在三维空间周期性排列的原子所组成，这一认识已有几个世纪了。原子在晶体中的位置可以用 X 射线衍射的方法予以确定。同样，关于气体的本质根据气体热力学理论也早已得到解决。唯独从原子的角度来阐述液体是很困难的，直至今天，关于液体结构的本质仍然存在很多不同的说法。但是，大量的事实说明，在高于熔点附近，液体金属结构的特点与固体基本上是相似的。因此，在研究液态金属结构时，必须具备有关固体物理学的基本知识。

凝固是液态金属转变为固态金属的过程，因而液态金属的特性必然会影响凝固过程。研究和了解液态金属的结构和性质，是分析和控制金属凝固过程必要的基础。液态金属的性质包括有密度、表面张力、黏度、熔点、结晶潜热、导热率等，它们在铸件的成型过程中发生着复杂的影响。液态金属在冷却凝固过程中除与铸型发生作用外，还要进行结晶和晶体的长大、成分的迁移、体积的收缩以及热的传导与对流等。所有的液态金属都参与了这些过程，并使过程复杂化。因此，所有影响铸件质量的因素如一次结晶组织、缩孔、气孔、偏析、热裂等无不直接或间接与液态金属的性质有关。

近代用原子论方法研究液态金属，并采用经典液体统计力学的各种理论探讨它，对液态金属结构有了进一步的认识，能够在一定范围和程度上定量地描述液态金属的结构和性质。

（一）固体金属的加热、膨胀及熔化

金属学原理中的双原子模型理论已清楚说明了晶体中 A、B 原子作用力 F 和势能 W 与原子间距的关系。原子之间倾向于保持一定的距离，物质原子在平衡位置附近做简谐振动维持晶体的固定结构。在平衡位置，对应于能量的极小值，状态稳定。下面对固体金属的加热、膨胀及熔化进行分析介绍。

1.金属的加热膨胀

（1）原子间作用力的不对称性引起的膨胀当温度升高时，原子振动能量增加，振动频率和振幅增大。温度越高，原子间势能越大，上述原子间作用力的不对称性也表现得越突出。因此，随着温度的升高，金属就会产生膨胀。但是，这种膨

胀仅只改变原子间的距离，并不改变原子间排列的相对位置。

（2）空穴的产生

除了原子间距离的加大造成膨胀之外，自由点阵－空穴的产生也是造成膨胀的原因。晶体中每个原子的振动能量不是均等的，振动方向杂乱无章，每个原子在三维方向都有相邻的原子，经常相互碰撞，交换能量。在碰撞时，有的原子将一部分能量传给别的原子，而本身的能量降低了。结果是每时每刻都有一些原子的能量超过原子的平均能量，有些原子的能量则远小于平均能量。这种能量的不均匀性称为"能量起伏"。由于能量起伏，一些原子则可能越过势垒跑到原子之间的间隙中或金属表面，而失去大量能量，在新的位置上做微小振动。一旦有机会获得能量，又可以跑到新的位置上。如此下去，它可以在整个晶体中"游动"，此过程称为内蒸发。不同金属原子之间的相互扩散就是内蒸发造成的。

离位原子如果有足够大的能量，可能会跑到金属的表面，甚至完全跑出金属以外，这样就造成了固态金属的蒸发。原子离开点阵后，留下了自由点阵－空穴。空穴可以移动，空穴的产生，造成局部地区能垒的减少，使得邻近的原子进入空穴位置，这样就造成空穴的位移。空穴最容易从表面产生，因为在这里离位原子具有较小的能量就可以摆脱周围势垒对它的束缚，跑到金属的界面之外，此种现象称为"不完全蒸发"。温度愈高，原子的能量愈大，产生的空穴数目愈多，从而使金属膨胀。空穴的产生也是物体膨胀的原因之一。

2.金属的熔化

当对晶体进一步加热时，则达到激活能值的原子数量也进一步增加；当这些原子的数量达到某一限值时，首先在晶界处的原子跨越势垒而处于激活状态，以致能脱离晶粒的表面，面向邻近的晶粒跳跃，导致原有晶粒失去固定的形状与尺寸，晶粒间可相对流动，称为晶界黏滞流动。此时，金属处于熔化状态。金属被进一步加热，其温度不会进一步升高，而是晶粒表面原子跳跃更加频繁。晶粒进一步瓦解为小的原子集团和游离原子，形成时而集中、时而分散的原子集团、游离原子和空穴。此时金属从固态转变为液态，金属体积突然膨胀3%～5%。而且，金属的其他性质，如电阻、黏性也会发生突变。在熔点温度下，金属由固态变为同温度的液态时，它要吸收大量的热量，称为熔化潜热。

（二）液态金属的结构

从固态金属的熔化过程可看出，在熔点附近或过热度不大的液态金属中仍然存在许多的固态晶粒，其结构接近固态而远离气态，这已被大量的实验数据所证实。

1.固体金属与液体金属的比较

液体介于气体和固体之间，大量的实验数据证明它更像固体，特别是在接近于熔点附近的铸造条件下更是如此。

（1）体积变化

体积的增大可以认为是由两部分引起：一部分是质点间距离加大，另一部分是形成了大量空位。此外，液态金属和固态金属一样具有很小的可压缩性，同时随着压力增加，液态金属的压缩系数逐渐接近固态金属。这也表明液态金属质点间距虽然比固态略大，但其值已经很小，外界给液态金属施加压力时只表现出很小的压缩系数。相反气态有很大的压缩系数，表明气体质点间距很大。

（2）熔化时热容量的变化

金属在固－液转变时热容量的变化不大。部分金属在液体中质点热运动的特点与固体很接近。然而毕竟发生了相变，热容仍有突变，只是这种变化很小而已。

2.X射线衍射分析

要得到熔体高温下准确的结构因子曲线，在实验过程中存在着许多关键技术。X射线衍射分析给出了液态金属中的原子分布，即提供了原子间距和配位数。

3.液态金属的遗传性

液态金属的遗传性的概念最早是法国铸造工业技术中心的J.C.Margerie在1974年提出的。他认为液态金属的遗传性是炉料的某些特性，经过熔化浇注后，所得铸件中也具有这种特性，他主要是指铸件的组织和气孔等缺陷与炉料的组织和缺陷有关。随着对液态金属的遗传性研究的广泛和深入，其概念主要体现在以下几个方面：炉料的组织和缺陷对凝固后铸件或毛坯的组织和缺陷有影响；在液态合金中加入合金元素后，改变了合金中元素与元素之间的相互作用，进而影响凝固后铸件或毛坯的组织；液态金属或合金的结构（如过冷度、净化程度等）不同对凝固后铸件或毛坯的组织有影响，这些影响液态金属或合金熔体结构进而影响凝固后铸件或毛坯的组织与性能称液态金属或合金的遗传性。

4.液态金属的结构

由以上分析可见，金属在熔化后，以及在熔点以上不高的温度范围内，液体状态的结构有以下特点：

①原子间仍保持较强的结合能，因此原子的排列在较小距离内仍具有一定规律性，且其平均原子间距增加不大。

②在熔化时这种结合已受到部分破坏，因此其排列的规律性仅保持在较小的范围内，这个范围是由十几个到几百个原子组成的集团。故固体是由许多晶粒组成的，液体则是由许多原子集团所组成，在原子集团内保持固体的排列特征，而在原子集团之间的结合处则受到很大破坏。这种仅在原子集团内的有序排列称为"近程有序排列"。

③由于液体中原子热运动的能量较大，其能量起伏也大，每个原子集团内具有较大动能的原子则能克服邻近原子的束缚（原子间结合所造成的势垒），除了在集团内产生很强的热运动（产生空位及扩散等）外，还能成簇地脱离原有集团而加入到别的原子集团中，或组成新的原子集团。因此，所有原子集团都处于瞬息万变状态，时而长大，时而变小，时而产生，时而消失，此起彼落，犹如在不停顿地游动。

④原子集团之间距离较大，比较松散，犹如存在"空穴"。既然原子集团是在"游动"，同样，"空穴"也在不停地"游动"。这种"游动"不是原有的原子集团和原有的空穴在液体中各处移动，而是此处的原子集团和空穴在消失的同时，在另一地区又形成新的原子集团和新的空穴。空穴的存在使液体中公有电子的运动产生变化。在原子集团内，原子间的结合靠金属键，一些自由电子归此原子集团中所有原了所公有，故仍具有金属导电的特征。在原子集团间，自由电子难以自己飞越空穴，只能伴随着集团间原子的交换而跟着止离子一同运动。从某种意义上说，空穴间的导电具有离子导电的特征。所以大部分金属在熔化时，电阻率能突然增加约1~2倍（半导体金属则减小）。

⑤原子集团的平均尺寸、"游动"速度都与温度有关。温度越高，则原子集团的平均尺寸越小，"游动"速度越快。由于能量起伏，各原子集团的尺寸也是不同的。

5.液态金属结构理论

（1）液态金属结构的"空穴理论"

综上所述，可以认为液态金属是由许多"游动的原子集团"所组成，在集团内可看作是空位等缺陷较多的固体，其中原子的排列和结合与原有的固体相似，但是存在很大的能量起伏，热运动很强。原子集团间存在空穴。温度越高，原子集团越小，游动越快。基于上述原因，液态较固态在物理性质上有一个很大的特点，即液体具有很好的流动性。这就是液态金属结构的"空穴理论"。

（2）紊乱排列的密集球堆理论

贝纳尔认为，液态金属是原子的某种堆集物。更确切地说，液态金属是均质的、密集的、紊乱排列的原子集合体，其中既无晶体区域，也无大到可容另一原子的空穴。关于液态金属结构尚有其他理论，这里不一一介绍。

6.实际金属与合金的液体结构

理想的液态金属不含有气体、夹杂或其他悬浮物质，被称为物理透明液体。但在实际生产中即使是很纯的物质，上述物理透明液体也是不可能存在的。液体金属结构往往与其熔化前的固态有关，大凡原始晶体组织愈松散，熔化后液态结构随温度上升变化得也愈快。在固态时原子排列致密的合金，熔化后仍能牢固地保持着它的组织状态，一直到很高的温度才能消失。一般来说，熔化后原来固体的晶界部分及加工变形部分都处于高势能的状态，它们在加热熔化时最早失去其原来的结晶特性而进入紊乱的运动状态。在原来固体的晶粒中心，由于规则排列性强，熔化后使之结晶特性完全消失需要一个过程，特别是那些结合键很强的化合物更是如此，只有在较高的温度下才能消除其结晶痕迹。长期以来，人们认为在铁水中存在着胶体质点，这些质点实际上就是悬浮在铁水中的石墨晶粒，其尺寸约为1000Å。有人提出过研究报告，用玻璃纤维材料过滤铁水，能提高致密度，并使流动性增加10%~12%。所谓铸铁遗传性可能就是由于铁水中的悬浮石墨等因素造成的，为消除遗传性，行之有效的办法是提高过热度。但是，有人曾对Ce、Sn等金属蒸气进行光谱分析，发现有尺寸为5×10^{-6}~5×10^{-4}mm的原子集团，可以认为这是液体中的伪晶碎块。

以上所述为金属或合金加热熔化后的情况。当液体温度下降时，离熔点温度愈近，系统就变得愈复杂。比如，当组成液体的组元间的原子体积相差很大时，如果在高温下它们还能互溶的话，当温度降低时，由于同类原子的聚合，就会造成溶液分层。又如共晶结晶时，如果组成共晶的两相不是纯金属，而是化合物及固溶体时，在达到共晶温度之前液体结构就会发生大的改变，这是由于组成共晶两相中的各类原子在共晶温度以上已经开始聚集之故。对于Al-Cu，Al-Si、Pb-Sn、Pb-Sb等合金液的试验表明，合金组元如为共晶成分时，集聚物的体积最小。此外，铸造生产中，浇注前进行变质及孕育处理，加入的外来元素或者形成夹杂，或者产生气体，或者形成溶液，或者吸附于现存的界面上，等等，它们对液体合金结构的改变，势必影响合金的结晶特性及其固态的各种性能。

（三）液态金属的性质

1.液态金属的黏滞性

液态金属的黏滞性对铸型的充填，液态金属中的气体、非金属夹杂物的排除，金属的补缩，一次结晶的形态，偏析的形成等，都有直接或间接的作用。因此，液态金属的黏滞性对铸件的质量有重要影响。

液态金属的黏滞性用黏度来表示，黏度的大小是由该液态金属的结构所决定的，而结构又与温度、压力、杂质含量有关。故关于黏度理论的研究是建立在液态金属结构的基础上的。

2.液态金属的表面现象

由实践得知，物体的表面是两种相的分界面，该表面层总是具有某些不同于内部的特有性质，由此产生出一些表面特有的现象－表面现象。在铸件形成过程中存在着许多相与相的界面，如液态金属与大气、熔剂、型壁，以及与其内部的气体、夹杂物、晶体等界面。在这些界面所发生的表面现象对合金的精炼和孕育、铸型的充填、铸件的凝固结晶、气体的吸附和析出、夹杂物的形态、铸件的补缩等都有重要的影响。因此，研究铸造过程的表面现象对于认识和掌握铸件形成过程的内在规律，以不断提高铸件质量，是非常必要的。表征表面现象的主要参数是表面张力。

（1）表面现象的一般概念

落在荷叶上的雨滴，凝结在青草上的露珠，洒在桌面上的小颗水银，滴定管下的液滴，浇注时飞溅的小滴铁水等均成球形。打开一瓶汽水，许多气泡便从与液体接触的瓶壁纷纷逃离出来，活性炭可以除去毒气，酸性白土可以脱色……凡此种种，都是人们在日常生活中熟知的自然现象。这些现象有一个共同特点，它们都发生在两相的分界面上。

在多相体系中，任何两相之间的接触面，称之为界面。通常称固－气、液－气界面为表面（严格地说，表面是指物体与真空或与本身的蒸气之间的接触面）。凡是发生在界面（或表面）上的现象，称为界面（表面）现象。

铸造生产中对界面现象的研究和应用，具有重要的理论和实际意义。因此，掌握界面化学的基本原理，有助于分析铸造生产中界面现象产生的原因及其规律，利用它的有利方面，采取相应措施消除或减少它的不利方面。

界面现象既然发生于相互接触的两相界面上，因此，要科学地阐明界面现象产生的原因，就必须从剖析界面的特性开始。为此，我们以液－气界面为例来揭示界面现象的实质。液体内部的任一分子，受周围分子的作用力是对称的。这样的分子在液体内部移动时是不需要做功的。而处于流体表面层的任一分子，情况则不一样。因液体的密度远大于空气的密度，所以液体内部分子对表面层分子的吸引力远大于空气中气体分子对它的吸引力。结果合力垂直地指向液体内部，即表面层分子受到一个垂直向内的拉力，这就是所谓的内压力。内压力的存在使表面层分子的位能比液体内部分子高。位能总是有自动降低的趋势。对单元体系来说，液体表面层的分子位能的降低常通过表面积的自动缩小而实现，这就是液滴总是力图缩小其表面积而呈球形的物理原因。

3.液态金属的其他性质

液态金属除黏性和表面张力外还具有以下性质：熔点、熔化热、沸点、蒸发热、密度、扩散系数、导热系数、比热等，它们无不直接或间接影响着凝固过程，从而对铸件质量产生影响。这些性质可以在相关金属手册中查到，这里不一一赘述。现就凝固过程中经常碰到的熔点、扩散系数、密度等简述于下。

（1）熔点

合金的熔点反映了原子间作用力的大小，原子间作用力愈大，其熔点愈高。

同样，熔点与原子体积的大小亦有密切关系，因为原子体积在一定程度上表征了原子间结合键力的强弱。由于原子半径与原子序数有关，所以，元素的熔点与原子半径一样都呈周期性的变化。

（2）扩散系数

在纯物质中质点的迁移为自扩散，此时得到的扩散系数为自扩散系数。在溶液中各组元的质点进行相对扩散，此时得到的扩散系数为互扩散系数。

（3）密度

所有金属在凝固同时都要收缩，但是，收缩量却因金属不同而异。同样，液态金属的体积随温度的升高而增大，所有这些都要在密度上有所反映。金属的热胀冷缩主要是空位数量的增减，与此同时，在熔点附近，液体合金的密度还与状态图有一定的关系。

二、液态金属的充型能力及其影响因素

铸造生产的主要特点，是直接将液态金属浇入铸型并在其中凝固和冷却而得到铸件。液态金属的充型过程，是铸件形成的第一个阶段，它很重要。一些铸造缺陷，如浇不足、冷隔、砂眼、铁豆、抬箱，以及卷入性气孔、夹砂等都是在充型不利的情况下产生的。为了获得优质健全的铸件，必须掌握和控制这个过程的进行。为此，首先要研究液态金属能否充满铸型、得到形状完整轮廓清晰的铸件的能力，这是生产合格铸件最基本的要求；要研究充型过程中液态金属在浇注系统中和铸型型腔中的流动规律，它是设计浇注系统的重要依据之一；要研究液态金属在充型过程中与铸型之间热的、机械的和物理化学的相互作用；以及在不利的情况下，在此过程中可能产生的缺陷和防止措施。

浇注系统除对液态金属于其中的流动状态有直接影响外，还对铸件在铸型中的凝固和冷却过程中的热状态有影响，从而对于与铸件热状态有关的一些缺陷，如铸件凝固后的金属组织、偏析、气孔、缩孔、热裂、铸造应力和变形等的形成有密切关系，这些关系将在后面有关章节中叙述。本节主要讨论液态金属充型能力的有关内容。

（一）基本概念

1.液态金属流动性及充型能力的基本概念

液态成形是液态金属充满型腔并凝固后获得符合要求的毛坯或零件的工艺技术。可见，液态金属的充型性能是一种基本的性能。液态金属充满铸型型腔，获得形状完整、轮廓清晰的铸件的能力，称为液态金属充填铸型的能力，简称液态金属的充型能力。液态金属充填铸型一般是在纯液态下充满型腔，也有边充型边结晶的情况。液态金属的充型能力好，零件的形状就完整，轮廓清晰；充型能力

不足时，会产生浇不足、冷隔、夹渣、气孔等缺陷。液态金属的充型能力首先取决于液态金属本身的流动能力，同时又与外界条件密切相关，是各种因素的综合反应。这些因素通过两个途径发生作用：影响金属与铸型之间的热交换条件，从而改变金属液的流动时间；影响金属液在铸型中的水动力学条件，从而改变金属液的流动速度。如果能够使金属液的流动时间延长，或流动速度加快，都可以改善金属液的充型能力。

液态金属本身的流动能力，称为流动性，是合金的铸造性能之一。与金属的成分、温度、杂质含量及其物理性质有关，与外界因素无关。由于影响液态金属充型能力的因素很多，很难对各种合金在不同的铸造条件下的充型能力进行比较，所以，常常用上述固定条件下所测得的合金流动性表示合金的充型能力。因此流动性也可认为是确定条件下的充型能力。流动性对于排除液态金属中的气体和杂质，凝固过程的补缩、防止开裂，获得优质的液态成形产品，有着重要的影响。液态金属的流动性越好，气体和杂质越易于上浮，使金属得以净化。良好的流动性有利于防止缩孔（松）、热裂等缺陷的出现。液态合金的流动性好，其充型能力强；反之其充型能力差。但是可通过外界条件来提高充型能力。液态合金的流动性可用浇注螺旋流动性试样或真空流动性试样等方法来衡量。

2.合金的流动性

铸造合金流动性的好坏，通常以流动性试样的长度来衡量。流动性试样的类型很多，如螺旋形、球形、U形、楔形、竖琴形、真空试样（即用真空吸铸法）等。在生产和科学研究中应用最多的是螺旋形试样，其优点是：灵敏度高、对比形象、可供金属液流动相当长的距离，而铸型的轮廓尺寸并不太大。缺点是金属流线弯曲，沿途阻力损失较大，流程越长，散热越多，故金属的流动条件和温度条件都在随时改变，这必然影响到所测流动性的准确度；各次试验所用铸型条件也很难精确控制；每做一次试验要造一次铸型。显然，在相同的铸型及浇注条件下，得到的螺旋形试样越长，表示该合金的流动性越好。

三、金属凝固过程中的传热

液态金属（合金）的过热热量和凝固潜热，在材料成形过程中主要是经传导而释放的。对于一些特殊的凝固技术，如定向凝固、区域凝固还需外加热源以维持其特定的凝固方式。传热强度影响到铸件、焊接件中的温度分布和凝固方式。而且缩松、变形、开裂等缺陷也与传热或温度分布关系密切。认识材料成形过程中的传热规律，就可以合理地控制它，以便使凝固过程按人们的意图进行。

（一）铸件的温度场及计算

在一般情况下，热量可视为状态的函数，也就是直接由状态参数（温度、压力等）来确定。对于固体，状态取决于温度这一个参数。因此，铸件和铸型间传热过程的唯一表现是铸件和铸型各部分的温度变化，即温度场的变化。

铸件温度场是指某一时刻铸件上各点的温度分布。温度场是预测铸件缩松缩孔的产生、微观组织的形成以及热裂和变形等缺陷的基础，为合理设计浇注系统、冒口、冷铁以及采取其他工艺措施控制凝固过程提供可靠的依据；对于消除铸造缺陷、获得健全的铸件，对于提高铸件的组织和性能都是非常重要的。

铸件在铸型中的冷却和凝固过程是一个极其复杂的过程，这是因为，它是一个非稳态传热过程，铸件上各点温度随时间而降低，铸型温度则随时间而上升；铸件的形状各种各样，大多数情况下是一个三维传热过程；凝固过程中有凝固潜热释放出来；凝固过程中铸件断面上存在已凝固的固态区、未凝固的液态区和正在凝固的液固混合两相区，而且这些区域随时间而变化；铸件和铸型的热物性参数随温度而变化，等等。要将这些因素都考虑进去，建立一个符合实际情况的微分方程对温度场进行精确求解是十分困难的，因此，需要通过具体分析，忽略次要因素，保留主要因素，并适当作一些假设。

研究铸件温度场的方法有：数学解析法、数值计算法和测温法等。数学解析方法是利用数学方法研究铸件和铸型的传热，主要目的是利用传热学的理论，建立表明铸件凝固过程传热特征的各物理量之间的方程式，即铸件和铸型的温度场数学模型并加以求解。目前数值模拟方法日臻完善，应用范围也在进一步拓宽。在实现温度场模拟的同时，还能对工艺参数进行优化、宏观及微观组织的模拟等。但从三者的联系上看，数学解析法得到的基本公式是进行数值模拟的基础，而实验测定温度场对具体的实际凝固问题有不可替代的作用，也是验证理论计算的必要途径。

1. 数学解析法

数学分析方法是直接从不稳定导热微分方程出发，在给定的定解条件下，求出温度场的解析式，这个解析式反映了凝固过程不同时刻铸件及铸型中的温度分布。数学解析法求解凝固过程中的传热问题时必须简化，只能考虑那些最重要的和最富代表性的参数。

2. 数值计算法

对于数学解析法不能胜任的问题，可采用数值计算法圆满解决。常见的数值计算方法有：有限差分法、有限元法和边界单元法。由于有限差分法容易理解和掌握，故该方法用得较多。应用数值计算法进行数值计算时，铸件和铸型系统被剖分为许许多多有限小尺寸的单元体，二维物体一般剖分为四边形，三维物体一般剖分为六面体。假定每个单元体之间的温度梯度为常数，在每个单元体上用差分方程近似代替微分方程，结合初始条件和边界条件，形成与单元体个数相等的方程组，最后通过计算机编程联立求解这一通常是十分庞大的方程组。

经过多年发展，铸件凝固过程的温度场计算（模拟）技术已经比较成熟，但在模拟计算大型薄壁铸件及精确成形铸件的温度场时，如何进一步提高计算效率、缩短计算时间仍然有待进一步研究。

测温法是实验测定法中最通用的一种，它是通过向铸型中安放热电偶来直接测出金属凝固过程的温度变化情况。测温法的主要技术包括热电偶布放位置的选择及测温结果的处理，其目的是用尽可能少的热电偶获得尽可能多的信息。

（二） 影响金属凝固温度场的因素

影响金属凝固温度场的因素主要包括凝固金属的性质、铸型的性质、浇注条件和铸件的结构。

1.金属性质的影响

（1）金属的导热系数

金属在铸型中的凝固是依靠铸型吸收热量而进行的，因此铸件表面温度比中心部分的温度低。金属的导热系数大，铸件内部的温度均匀化的倾向就大，温度梯度就小，断面上温度分布曲线就比较平坦；反之，温度分布曲线就比较陡。液态铝合金的导热系数比液态铁碳合金的导热系数大约高9到11倍，而且铝的比热容和密度较小，所以在相同的铸造条件下，铝合金铸件断面上的温度分布曲线平坦得多，具有比较小的温度梯度。相反，高合金钢的导热系数一般都比普通碳钢小得多，如高锰钢的导热系数不足普通碳钢的1/4。所以，合金钢在砂型铸造时也有较大的温度梯度。

（2）结晶潜热

金属的结晶潜热越大，向铸型传递的热量越多，铸型内表面维持更高温度的时间越长。因此，在其他条件相同的情况下，铸件断面的温度梯度减小，铸件的冷却速度下降，温度场较为平坦。

（3）金属的凝固温度

金属的凝固温度越高，在凝固过程中铸件表面和铸型内表面的温度越高，铸型内外表面的温差就越大，且铸型的导热系数随温度升高而升高，致使铸件断面的温度场有较大的梯度。有色合金铸件与铸钢件及铸铁件比较，在凝固过程中有较平坦的温度场，其凝固温度低是主要原因之一。

2.铸型性质的影响

由于液态金属在铸型中的凝固是依靠铸型吸热而进行的，所以，液态金属的凝固速度要受到铸型吸热速度的支配。铸型的吸热速度越大，液态金属的凝固速度就越大，断面上的温度场的梯度也就越大。

（1）铸型的蓄热系数

铸型的蓄热系数越大，对铸件激冷能力越强，铸件中的温度梯度就比较陡。这是因为铸型是靠冷却水不断把热量带走，型壁的温度不可能升高，和铸件表面始终保持着很大的温差。水冷金属型材料的导热系数越大，冷却效果就越好。所以，生产中常选用紫铜作为连续铸造水冷金属型材料。对于铜型，由于导热系数非常大，能够把热量由内表面迅速传至"后方"，所以内表面的温升也很小，与铸件表面也有较大的温差。厚壁铸铁型的激冷能力不如铜型大。但是，由于铸铁的导热能力也很大，所以型壁内表面的温升也比较小，与铸件表面之间也有较大的温差，铸件断面上的温度梯度很大。薄壁金属型在开始时吸热速度很大，但由于铸型壁薄，蓄热有限，型壁温度很快升高，铸件的冷却速度降低，铸件断面上的温度梯度较小。对于铝、镁、铜等合金铸件，由于它们的凝固温度低，在凝固时期型壁不可能被加热到很高的温度，所以从铸型外表面向周围介质辐射和对流散热作用不大，铸件的冷却主要是依靠铸型本身积蓄热量，所以厚壁金属型比薄壁金属型的冷却作用大。凝固温度较高的铸铁件和铸钢件，在薄壁金属型中凝固时，型壁外表面能达到很高的温度，向周围介质散热作用很大，尤其是厚大铸件，由铸型表面向外散失热量的速度几乎能与厚壁金属型蓄热速度相等。所以，金属型的壁厚，对于高熔点合金铸件的冷却强度影响不十分明显。

在金属型铸造中，当铸件表面凝固形成坚固的硬壳后，由于金属的固态收缩使铸件的线尺寸缩小，而铸型受热后膨胀，在铸件和铸型之间形成一个间隙，使铸型的激冷作用显著下降，这是铸件在凝固后期温度梯度减小的一个原因。金属型的涂料层和"间隙"一样，使铸型的冷却作用降低。在生产中经常用改变涂料层厚度和它的热物理性质的方法来控制铸件的冷却强度。

在砂型铸造中，由于砂型的导热能力很低，能把热量由内表面迅速传至"后方"，使更厚的砂层参加蓄热，所以铸型内表面温度在浇注后立即达到很高温度，几乎接近铸件表面温度，并且在铸件凝固时期基本保持不变。当铸型厚度适当时，型壁外表面的温度接近周围介质的温度，向介质散热作用可以忽略不计，铸件在砂型中的凝固主要是靠铸型本身积蓄热量。因此，砂型激冷能力很差，铸件截面的温度分布曲线自始至终都很平坦，温度梯度很小。

（2）铸型的预热温度

用易熔材料（如蜡料）制成模样，在模样上包覆若干层耐火涂料，然后制成型壳，熔去模样后再行浇注的铸造方法称为熔模铸造。在熔模铸造中，为了提高铸件的精度和减少热裂等缺陷，型壳在浇注前被预热到600～900℃。在金属型铸造中，铸型的预热温度为200～400℃。铸型预热温度越高，冷却作用就越小，铸件断面上的温度梯度也就越小。

（3）浇注条件的影响

液态金属的浇注温度很少超过液相线以上10℃的，因此，金属由于过热所得到的热量比结晶潜热要小得多，一般不大于凝固时期放出的总热量的5%～6%。但在砂型铸造时，需要等到液态金属的所有过热热量全部散失后铸件才能进行凝固。所以，此时增加过热程度，相当于提高了铸件凝固时铸型的温度，使铸件断面上的温度梯度减小。金属型铸造时，由于铸型有较大的导热能力，而过热热量所占比重又很少，能够迅速传导出去，所以浇注温度的影响不十分明显。

（4）铸件结构的影响

厚壁铸件比薄壁铸件含有更多的热量，当凝固层逐渐向中心推进时，必然要把铸型加热到更高的温度。铸件越厚，则铸件断面温度梯度越小。

铸件的形状对冷却速度会产生影响。铸件的凸面和外角部分的冷却速度比平面快，而铸件的凹面和内角部分的冷却速度比平面要小。

（三）不同界面热阻条件下的温度场

下面分别讨论四种情况下铸件和铸型的温度场分布特点。

1.铸件在绝热铸型中凝固

砂型、石膏型、陶瓷型、熔模铸造等铸型材料的导热系数远小于凝固金属的导热系数，可统称为绝热铸型。因此，在凝固传热中，金属铸件的温度梯度比铸型中的温度梯度小得多。相对而言，金属中的温度梯度可忽略不计。因此可以认为，在整个传热过程中，铸件断面的温度分布是均匀的，铸件内表面温度接近铸件的温度。如果铸型足够厚，由于铸型的导热性很差，铸型的外表面温度仍然保持为t_2。所以，绝热铸型本身的热物理性质是决定整个系统传热过程的主要因素。

2.金属—铸型界面热阻为主的金属型中的凝固

较薄的铸件在工作表面涂有涂料的金属型中铸造时，就属于这种情况。金属－铸型界面处的热阻较铸件和铸型中的热阻大得多，这时，凝固金属和铸型中的温度梯度可忽略不计，即认为温度分布是均匀的，传热过程取决于涂料层的热物理性质。

3.厚壁金属型中的凝固

当金属型的涂料层很薄时，厚壁金属型中凝固金属和铸型的热阻都不可忽略，因而都存在明显的温度梯度。由于此时金属与铸型界面的热阻相对很小，可忽略不计，则铸型内表面和铸件表面温度相同。可以认为，厚壁金属型中的凝固传热为两个相连接的半无限大物体的传热，整个系统的传热过程取决于铸件和铸型的热物理性[1]。

---

[1] 范晓明.金属凝固理论与技术［M］.武汉：武汉理工大学出版社，2019.

第七章 冶金与环境保护

第一节 有色冶金与环境保护的关系

有色金属冶金生产过程往往伴随着废气、废水及固体废物的环境污染。当环境保护成为制约有色冶金发展主要因素的同时，环境压力却又成为推动有色冶金技术进步的动力。人类总是在社会的发展中不断进行调整，科学技术的进步可以很好地协调有色冶金与环境保护的关系，有色冶金全过程污染控制、三废终端深度治理是实现有色冶金可持续发展的有效途径。

纵观有色冶金的发展史，当社会对环境保护提出更高的要求时，环境对有色冶金的压力加大。企业要生存，就要避免造成环境污染。一些落后的工艺将被淘汰，一批污染严重的企业面临关闭，而一批清洁的新工艺，如闪速熔炼、基夫赛特法、加压浸出、生物冶金和各种新的湿法冶金，便应运而生，只有那些在环境保护方面具有明显优点的新的冶金工艺，才有可能被广泛采用。近年来，几乎所有取得重大进展的有色冶金技术都是在环境保护压力加剧的背景中产生，而又在环境保护方面取得突破后而告成功的。

有色冶金工业能源消耗量大，污染物排放多，加快有色冶金行业循环经济发展进程，促进节能减排新理论、新方法、新技术、新工艺、新材料和新装备的发展，是有色冶金工业持续发展最为重要的前提和条件。有色金属行业要想在今后的节能减排工作中取得突破，依靠科技创新始终是关键。而政府通过法规、政策及标准的宏观调控是推动有色冶炼技术与"三废"治理技术进步的重要举措。

第二节　有色冶金过程污染源

一、铝冶金过程污染源

（一）氧化铝生产过程污染源

由于国内铝土矿资源的铝硅比普遍偏低，因此氧化铝的生产过程一般都需要使用大量的水，同时也产生了大量外排废水。据有关资料统计，国内大型氧化铝厂外排废水可达4万~6万 m^3/d。氧化铝生产废水主要来源于现场的含碱废液、生产设备冷却水、工厂自备热电厂的生产污水及其他附属单位的生产排水。赤泥及其含碱附液是氧化铝厂的主要环境污染因素。赤泥附液的成分有 K^+、Na^+、Ca^{2+}、Mg^{2+}、OH^-、F^-、Cl^- 等，含 Na_2O 2~3g/L，pH 为13左右。含碱附液的渗透或流失是造成氧化铝厂周围地区水体和土壤碱污染的主要原因。

（二）电解铝生产过程污染源

电解铝生产中的大气污染源主要来自三个部分：电解槽、物料储运系统以及阳极组装系统。其中电解槽烟气是主要的大气污染源，目前铝电解槽烟气中的氟化物均采用烟气净化系统进行净化，采用氧化铝吸附脱去烟气中的氟化物及烟尘，再返回电解槽；净化后的烟气排放到大气中。国家对铝电解烟气排放制定了标准。电解铝厂产生的固体废物主要是电解槽大修时产生的废渣－电解槽废槽衬，主要由废阴极炭块、阴极糊、沉积物、耐火砖、保温砖等组成，以废阴极炭块数量为最大。废槽衬吨铝产生量20~35kg，以此计算，全国目前废槽衬年排放量高达约50万t。由于废阴极炭块在电解槽运行过程中吸收了大量的氟，使其中含氟量最高可达10%以上。废槽内衬中的废炭块、扎糊、沉积层浸出液中可溶氟浓度大于100mg/L，废炭块中氰化物浓度大于5mg/L，属危险废物。

二、铜冶金过程污染源

铜冶金过程中产生的废气主要来源于备料过程产生的含尘废气、工业炉窑烟气、环保通风烟气、电解槽等散发的硫酸雾、氯化处理工段产生的含氯尾气、制酸尾气等。铜冶炼过程中产生的废水主要来源于 SO_2 烟气净化洗涤排出的废酸，湿法冶炼中的阳极泥工段、中心化验室排出的含酸废水、车间地面冲洗水、工业冷却循环水的排污水、余热锅炉排污水、锅炉化学水处理车间排出的酸碱废水和硫酸场地的初期雨水。其中烟气净化排出的废酸中含重金属离子等有毒有害物质，对环境的污染最为严重。铜冶炼排放的固体废物主要有冶炼水淬渣、渣选矿尾矿、浸出渣、制酸系统铅渣、污酸处理系统的砷滤饼及石灰中和渣、脱硫副产物等，污酸处理砷滤饼和石灰中和渣属于危险废物，砷害的安全处置是铜冶炼系统亟待解决的难题。

三、铅锌冶金过程污染源

铅冶炼企业铅尘的来源可分为三类：①低温作业区的机械尘，主要包括原料库、配料、混料、物料制备、转运、烟灰输送等过程产生的铅灰尘，含铅量一般在40%以上；②炉窑的加料口、喷枪口的机械尘和挥发尘，以及由于操作失误导致的烟气外溢等；③高温作业区的挥发尘，包括炉窑排铅口、放渣口外溢的含铅烟尘等。铅尘具有粒径分布范围广，分散度高的特性，普通的布袋收尘效果不理想，加之工厂产尘点多，通风量大，导致铅尘的无组织排放量较高。铅冶炼企业的废水主要来源于制酸的动力波净化工段，该废水含有10~30g/L硫酸和少量F、Cl、As等，通常采用石灰中和法处理。对厂区内收集的前期雨水，通常采用过滤后返回水淬的办法，基本不外排。铅冶炼企业烟化炉产出的水淬渣，目前大都作为一般的工业固废外售给水泥厂。由于该水淬渣中仍含有约1%的铅和锌，作为水泥原料，其对环境的影响在短期内尚不明朗，需要引起相关部门和生产企业的关注。

铅冶炼企业的另一个隐性污染源是As污染。由于铅物料中或多或少均含有一定量的砷，在熔炼过程大部分砷进入粗铅，并最终在铅阳极泥中富集。目前铅冶炼企业的铅阳极泥大都采用转炉灰吹的办法，首先脱除阳极泥中大部分的铅、锑、铋、锡和砷，得到贵铅再精炼回收贵金属。

锌冶炼过程的主要污染源是冶炼废渣和废水。锌冶炼渣在某种程度上也是造成"血铅"事件的帮凶。锌冶炼渣有浸出渣和除铁渣两大类。根据冶炼工艺的不同，锌浸出渣和除铁渣的成分也有很大的变化。目前我国的锌冶炼以沸腾焙烧—热酸浸出—铁矾除铁工艺为主流，热酸浸出渣中通常含有6%~10%的铅、6%~10%的锌和200~300g/t的银，铁矾渣中通常含有3%~5%的锌，和锌精矿伴生的铟、镓等也富集在铁矾渣中。粗略估算，一个年生产10万t锌的冶炼厂每年约产出4万t的热酸浸出渣和5.5万t的铁矾渣（干基）。上述冶炼渣中通常含有30%以上的水分，无害化处理成本高，因此，除少数处理高铟锌精矿的冶炼企业采用回转窑挥发进行无害化处置外，大多数均采用堆存的方法，把热酸浸出渣和铁矾渣区别堆存或填埋，存在着较大的污染隐患。锌冶炼废水主要来自浸出、固液分离、净化、电解等车间的跑、冒、滴、漏和地面冲洗；制酸工序的稀污酸及厂区内收集的前期雨水等。锌冶炼废水中通常含有一定量的铅、锌、汞、镉、铜等重金属阳离子和氟、氯、砷、硫酸根等有害阴离子。由于我国南方雨水较多，当地的锌冶炼厂很难做到冶炼废水的"零"排放。

氧气浸出技术（包括氧压浸出和常压富氧浸出）解决了SO_2的产生和由此导致的SO_2污染问题，但仍然没有从根本上解决浸出渣中伴生铅、银、汞的回收和无害化处置问题，还带来了硫黄渣后续处理的安全隐患。采用氧压浸出的丹霞冶炼厂产出的浸出渣经热滤回收单质硫后，富含铅、锌、银、汞的热滤渣目前临时堆存在库房中，尚无好的处理办法；采用常压富氧浸出的株冶集团产出的浸出渣目前临时外售给某制酸企业生产硫酸，硫酸烧渣再返回株冶集团的铅冶炼系统。

锌冶炼企业的另一个隐性污染源是汞污染，尤其是高汞锌精矿，在焙烧过程，大部分汞进入烟气，虽然可以采用专门的脱出技术（KI法、氯化汞配合法、硫化钠法等）回收大部分汞，但仍有少量汞会进入稀污酸中。

四、镁冶金过程污染源

白云石煅烧和还原炉焙烧产生的含粉尘及SO_2、CO_2等的烟气，必须采用收尘和净化系统处理后再排放。目前，我国热法炼镁企业主要采用收尘系统对冷却后的烟气进行净化；各种上下料、运输和配料系统产生的粉尘，一般均进行收尘后排放。还原渣是热法炼镁的主要固体废弃物，吨镁产量产生5~6t还原渣，其中主要矿物组成是$2CaO \cdot SiO_2$，还有少量的氧化镁和氧化铁，特别适合于水泥生产。目前部分原镁生产企业已回收还原渣用于生产水泥。

第三节　有色冶金过程污染物排放特征

一、有色冶金固体废物排放情况

冶金工业生产过程中产生各类冶金渣、各种泥状物以及随烟气一起排出被除尘器收集的烟尘。例如，铜鼓风炉的水淬渣、氧化铝生产中的赤泥、湿法收尘的尘泥等。其他为燃烧锅炉产生的炉渣、粉煤灰及各种工业垃圾等。有色金属冶炼渣是指采用以原生矿石或半成品冶炼提取铝、铜、铅、锌、镁等金属后，排放出来的固体废物。有色金属冶炼渣分为湿法冶炼渣和火法冶炼渣。湿法冶炼渣是原生矿石经提取或电解出金属后的剩余残渣；火法冶炼渣为原生矿石熔融分离出金属后的产物。有色金属冶炼是一个复杂的物理化学过程，冶炼目的金属后所排放的废渣成分复杂，排放量大，这些废渣不仅占用大量堆放场地，而且污染周围环境。

有色冶金固体废物按危害程度分为一般性固体废物、危险固体废物以及介于两者之间、要经过测定后才能确定其危害程度的固体废物。一般性固体废物，如铜、铅的水淬渣、锌（罐、窑）渣；危险固体废物，如湿法炼铜浸出渣、砷铁渣、铅冶金砷钙渣、含砷烟尘、锌冶金湿法炼锌浸出渣、锌焙烧铁矾渣、铅银渣、制酸的废触煤；此外，赤泥、污水处理产生的重金属污泥。

有色冶金固体废物的种类繁多，化学成分复杂。有色冶金固体废物按生产工艺可分为：有色金属矿物在火法冶炼中形成的熔融矿渣；有色金属矿物在湿法冶炼中排出的浸出渣；冶炼过程中排出的烟尘和残渣污泥等。其中数量多、利用价值高的是各种有色金属渣。有色金属渣按金属矿物性质，分为重金属渣、轻金属渣和稀有金属渣。

（一）有色冶金固体废物特点

1.产生量大

我国有色金属矿产具有贫矿多、富矿少；小矿多、大矿少；共生矿物多、单一矿物少的特点，造成有色金属行业生产工艺复杂，生产流程长，再加上我国目前生产工艺水平不高等原因，使单位产品的固体废物产生量大。在采选过程中，一般大中型露天矿山年剥离量都在数百万吨；地下采矿井巷工程每年要产生数十万吨以上的废石；在选矿作业中每选出1t精矿，平均要产出几十吨甚至上百吨的尾矿。到目前为止，我国尾矿堆存总量已超过50亿t，有色金属矿山每年排放尾矿7000万t。在冶炼过程中，每冶炼1t金属也要产生数吨的冶炼渣。据统计，

每吨粗铅平均排放0.95t炉渣，每吨锌平均排放0.77t渣。

2.可作为二次资源开发利用

在有色金属原矿中，除一种主要金属矿物以外，一般还伴生一些其他金属矿物或有用成分。由于我国长期实行粗放型经济，同时在一次资源开发利用时大多只关注主金属的回收提取，导致大量的有价金属、伴生金属废弃在冶金废渣中，造成巨大的资源浪费。在冶炼过程中产生的冶炼渣、冶炼粉尘等，也有具有回收利用价值的有价金属组分，其品位常常大于相应的原生矿品位。因此，有色冶金固体废物可作为二次资源开发和利用，这对充分利用资源、延缓矿产资源的枯竭具有重要意义。

3.毒性大

部分有色冶金固体废物含有毒重金属元素，如铅锌窑渣、重金属废水处理污泥等，这些废渣常含有砷、镉、汞、铅和锑等有毒重金属。由于重金属污染物具有不可降解性，因此对环境构成极大的污染和潜在的威胁。

（二）氧化铝生产赤泥

赤泥是制铝工业提取氧化铝过程中排出的污染性废渣，是有色行业排放的大宗固体废物。一般含氧化铁量大，外观与赤色泥土相似。近年来，随着我国氧化

铝年产量的迅速增长，赤泥排放量也随之成倍上升。我国氧化铝产量2013年为4438万t，年产赤泥量已达5000万t，累积堆存量约2亿t。

1.赤泥的性质

赤泥的颗粒直径0.088～0.25mm，比重2.7～2.9，容重0.8～1.0，熔点1200～1250℃。赤泥的化学成分取决于铝土矿的成分、氧化铝生产方法、添加剂的物质成分以及新生成的化合物成分等。赤泥矿物成分主要为文石和方解石，含量为60%～65%，其次是蛋白石、三水铝石、针铁矿，含量最少的是钛矿物、菱铁矿、天然碱、水玻璃、铝酸钠和火碱。其矿物组成复杂且不符合天然土的矿物组合。其中，文石、方解石和菱铁矿既是骨架又有一定的胶结作用，而针铁矿、三水铝石、蛋白石、水玻璃起胶结和填充作用。

3.赤泥的危害

①赤泥排放量大，据统计，我国赤泥利用率仅为10%左右，赤泥的堆存不仅需要排污控制设施，而且投资建立赤泥堆场需占用大量土地，污染环境，并使赤泥中许多有价组分得不到合理利用，造成资源的严重浪费。

②氧化铝生产企业湿法过程物料呈碱性，因此赤泥中含有大量的强碱性物质，其附液中含碱量较高，pH有的甚至超过12.5，对生物和金属、硅质材料有强烈腐蚀性。此外，赤泥中还含有氟化物、钠及铝等污染物。赤泥中的化学成分渗入土地易造成土地碱化及地下水污染。

（三）电解铝废槽衬

废槽衬，又称大修渣，是铝电解槽定期排出的固体废物，主要包括阴极炭块、阴极糊、耐火砖、保温砖、防渗料及绝热板等。废槽衬中含有约40%的碳质材料，约30%的氟化物，约30%的耐火材料。随着电解铝新技术的不断运用，电解槽设计的不断改进和优化，电解操作的规范化和精细化，废槽衬和排出量略有下降，约为26kg/t Al。废槽衬中含有较多的氟化物和氰化物，且分散度大，其中氟化物含量约4000mg/L，属于危险废物。有研究表明，随着废槽衬堆存时间的延长，其中的有害物质逐步向堆场周边的地下水和土壤中转移，两年后，废槽衬中的可溶氟化物有54%转移进入地下水和土壤。如不对废槽衬进行无害化处理或堆存处理不当，将对堆场周边土壤和地下水造成长期潜在的污染。废槽衬中气体HCN的析出更难防范，直接危害周边生态环境。

（四）铜冶金固体废物

目前，我国铜生产主要采用火法冶炼，其生产过程包括熔炼、吹炼、火法精炼、电解精炼，最终得到精炼铜。铜冶炼过程伴随着各类固体废物的产生，典型工艺流程及固废产生环节主要有冶炼渣、浸出渣、酸泥（砷滤饼、铅滤饼）、水处理污泥等。铜冶炼固体废物数量巨大，且富集铅、砷、镉、铬等重金属。

1.熔炼炉渣

铜炉渣的组成按冶金方法的工艺特点可分为两种类型，一种是在熔炼体系采用低氧势操作下产生的含 Fe_3O_4 及铜均很低的炉渣，这种炉渣不必进行处理即可废弃，传统熔炼方法，如鼓风炉、反射炉及电炉的炉渣属于此类型；另一种是在熔炼体系采用高氧势操作下产生的含 Fe_3O_4 及铜均很高的炉渣，这种炉渣需要返回熔炼炉贫化，闪速熔炼、熔池熔炼以及铜锍吹炼等产生的炉渣属于此类型。吹炼炉和阳极炉产生炉渣含铜量在20%~50%，可作为返料直接使用。

铜炉渣具有如下的性质：①熔点：虽然铜炉渣中的各种氧化物具有很高的熔点，但在熔炼过程中，这些氧化物相互作用形成了低熔点共晶物、化合物和固溶体，因此炉渣的熔点较低，一般为1050~1150℃。②黏度：铜炉渣一个重要特点是黏度大（0.2~1 Pa·s），比铜锍和液态铜的黏度大很多，特别是存在过饱和磁性氧化铁或过量 $SiO2$ 时，炉渣黏度会更大。生产经验表明，炉渣黏度小于0.5 Pa·s时极易流动，黏度在0.5~1.0Pa·s时流动性较好，当黏度在1~2Pa·s时，流动性差，能明显影响炉渣与铜锍的分离和炉渣的排放。③密度：炉渣的密度可以直接影响铜锍和炉渣的沉降分离操作。在组成炉渣的各组分中，$SiO2$ 密度最小（2.2~2.66），而铁氧化物密度最大（大于5），因而含铁量高的炉渣密度大。铜炉渣的密度一般为3.0~3.7。铜锍和炉渣的密度差为1左右。

2.白烟尘

熔炼过程中产生的高温烟气含有高浓度的SO2和烟尘，一般采用"余热锅炉—电除尘器—硫酸系统"回收热量、烟尘和SO2。回收的烟尘大部分可用为返料，但因为原料中含有砷、铅等杂质，为保持冶炼系统的正常生产，需将电除尘器收集的烟尘开路一部分。该部分烟尘的砷、铅、锌含量较高，外观呈灰白色，习惯上称其为"白烟尘"。除含铜外，还富集了原料中的铅、锌、砷、铋、锡、镉等有价金属，具有较高的回收利用价值。白烟尘带走的砷一般占铜精矿带入砷量的10%左右。

据统计，闪速炉炼铜过程中以烟灰形式进入闪速炉的砷量占进入闪速炉砷总量的50%以上，这使得砷在系统内不断循环和富集，最终对电铜及硫酸的质量产生不可低估的负面影响。在铜的闪速熔炼和转炉吹炼过程中，砷主要以氧化物形式进入冶炼烟气。

3.铅砷滤饼

烟气净化产生的固废主要为铅滤饼、砷滤饼。高浓度 SO_2 烟气首先需净化除杂，以保证硫酸的品质，烟气净化主要采用稀酸洗涤工艺。洗涤产生的底泥含铅量较高，称之为铅滤饼。洗涤产生的废酸多采用 Na_2S 法进行沉淀处理，沉淀物中砷含量较高，称之为砷滤饼或硫化滤饼。这两种固废性质相似，砷滤饼约为铅滤饼的3~5倍。

4.铜阳极泥

铜阳极泥是在电解精炼过程中沉在槽底的泥状细粒物质，主要由阳极粗金属中不溶于电解液的金属和化合物组成，其成分和产率主要取决于阳极成分、电解技术条件等。火法精炼产出铜品位一般为99.2%~99.7%，还含有0.3%~0.8%的杂质，主要为砷、锑、铋、金、银、硒、碲等。这些杂质会使铜的使用性能或加工性能变坏。铜电解精炼的目的就是把火法精炼铜中的有害杂质去除，得到性能良好的电解铜。而铜阳极泥就是铜电解过程中产出的一种副产品，由铜阳极在电解精炼过程中不溶于电解液的各种成分组成。铜阳极泥中含有Au、Ag、Se、Te、Cu等有价金属，应进一步处理，进行有价金属的回收。另外，烟气转化及尾气处理过程产生的固废有废触媒。废触媒的产量较小，一般年产生量不足百吨。有些铜冶炼企业对制酸后的尾气进一步脱硫处理，会产生一定量的脱硫渣。目前大部分冶炼企业采用石灰石-石灰两段中和法、生物制剂法、硫化中和法等处理污酸、重金属废水等，相应产生石膏渣或中和渣。

铜冶炼企业中各种固废从性质上可分为两大类：一般工业固体废物，包括尾矿、石膏渣、中和渣等；危险废物，包括白烟尘、铅滤饼、砷滤饼、废触媒等。在数量上，尾矿和石膏渣占了绝对优势，占铜冶炼企业固废量的98%以上，危险废物中以白烟尘和砷滤饼为主。对各类固废的处理处置，一般遵循厂内设暂存场地，自身回收利用加外委处置的综合利用方案。

（五）铅冶金固体废物

炼铅的原料主要为硫化铅精矿和硫化铅与硫化锌混合精矿。铅精矿伴生的可回收的有价金属多达二十余种，大体分为三类：①重金属，其占伴生金属综合回收总量的95%以上，包括铜、镉、铋、镍、钴、砷、锑、汞等；②贵金属，包括金、银、铂、钯等；③稀散金属，包括镓、铟、锗、碲、硒、铊、铼等。铅精矿中的有价元素的含量不同，产出的中间产物中有价元素的波动也很大，但在冶炼过程中，有价元素的分布有明显的规律。烧结过程中95%的汞进入烟气，70%的铊，30%~40%的镉、硒、碲及部分的砷、锑进入烟尘；鼓风炉熔炼过程中几乎全部的金、银和大部分的铜、砷、铋、锡、硒、碲进入粗铅，80%以上的锑、锗及50%以上的铟进入炉渣，80%~90%的镉进入烟尘。

铅冶炼过程所产生的固体废物或残余物可以分为以下几类：粗铅中的铜、锡、铟大部分进入铜浮渣，金、银、铋等进入阳极铅后大部分再进入阳极泥。

铅冶炼过程分为粗铅生产和粗铅精炼。粗铅生产工艺可分为两类，即烧结-

熔炼法和直接熔炼法。粗铅精炼包括火法精炼和电解精炼。粗铅火法精炼包括粗铅熔析和加硫除铜、氧化精炼、加锌除银与除锌、除铋等过程。铅冶炼过程中所产生的固体废物或残余物可分为如下几类：

1. 炼铅炉渣

在火法炼铅过程中，除得到粗铅以外，同时得到另一种熔体，这种熔体主要由炼铅原料中的脉石氧化和冶炼过程中生成的铁、锌氧化物所组成，这种熔体就是炼铅炉渣，是铅冶炼过程中产生量较大的废物，包括烧结、熔炼、精炼等所产生的渣。铅冶炼炉渣的产生量是金属产量的10%~70%。

炼铅炉渣主要来源于以下几个方面：一是矿石或精矿中的脉石，如 SiO_2、Al_2O_3、CaO、MgO、ZnO 等以及被部分还原形成的氧化物 FeO 等；二是因熔融金属和熔渣冲刷而侵蚀的炉衬材料，如炉缸或电热前床中的镁质或镁铬质耐火材料带来的 MgO、Cr_2O_3 等，这类化合物的量相对较少；三是添加的熔剂，矿石中的脉石如 $SiO2$、CaO、Al_2O_3、MgO 等单体氧化物的熔化温度很高，为了能形成低熔点渣层，把要提取的铅分离开来，必须配入熔剂，如河沙（石英石）、含硅高的矿石等。

炼铅炉渣是一种非常复杂的高温熔体体系，由 FeO、SiO_2、CaO、Al_2O_3、ZnO、MgO 等多种氧化物组成，并相互结合而形成化合物、固溶体、共晶物，此外还含有一些硫化物、氟化物等。虽然炉渣成分会随炼铅方法（如传统的烧结—鼓风炉炼铅法、ISP法、Kivcet法、QSL法、Kaldo法、Ausmelt法等）的不同而有所差异，但基本成分含量在下列范围波动：Zn（3%~20%），$SiO2$（13%~30%），Fe（17%~31%），CaO（10%~25%），Pb（0.5%~5%），Cu（0.5%~1.5%），$Al2O3$（3%~7%）和 MgO（1%~5%）等。

铅炉渣为低硅高钙渣，含 SiO_2 一般比铜炉渣低得多，而含 CaO 又比铜炉渣高得多。现在许多冶炼厂降低渣含铅，广泛采用高锌高钙渣型（10%~20% Zn，15%~25% CaO）以提高原料的综合利用率，主要体现在以下几个方面：

①CaO高的熔体凝固间隔较短，可以在烧结时得到具有较大孔隙度的烧结块，使熔体具有良好的还原性和透气性。

②在 $PbO-SiO_2-Fe2O_3-CaO$ 体系中，固溶体的软化温度随 CaO 的增加与 SiO_2 的减少而升高，而含 PbO 高的则软化温度低。提高渣中 CaO 含量，有利于处理高品位烧结块，可防止其在炉内过早软化影响透气性和 PbO 的充分还原。

③提高渣中 CaO 含量，降低炉渣的比重，可置换硅酸铅中的 PbO，提高铅在液相中的活度，有利于熔渣中 PbO 的还原，提高金属铅的回收率。

④适当提高渣中 CaO 含量，可使 Si-O 及 Fe-O-Zn 的结合能力减弱，从而增大锌和铁在熔渣中的活度，有利于锌从渣中还原挥发出来。

2.浮渣与浮沫

铅精炼、熔化等过程产生的浮渣、浮沫富含金属铅，一般直接返回工艺过程熔炼或精炼。

3.铅阳极泥

粗铅精炼主要有火法精炼和电解精炼，目前世界上大部分的粗铅采用火法精炼，我国的粗铅精炼基本上采用湿法电解工艺，仅在电解前有一小段火法精炼除铜，有时还需除锡。电解精炼的优点是除铋效果好。铅阳极泥是铅电解精炼过程中的副产物，一般含有 Co、Ni、Cd、Zn、Te、Se、Sb、Bi、As、Cu、Au、Ag、Sn、铂系金属等。

4.铅烟尘

铅冶炼烟气净化系统产生的废物与残余物包括烟尘、酸泥。烟尘主要来源于烧结、熔炼等工段，富含有价金属，如锗、镓、铟、砷及铅。烟气洗涤产生的污酸过滤后产生的酸泥，如砷滤饼、铅滤饼。铅冶炼烟尘所含主要元素为 Pb、Zn、Cd、Cl、S、As；烟尘是氧化物、硫酸盐、硅酸盐、硫化物和砷化物等物质的混合物，主要物相为 ZnO、PbO、$PbSO_4$、CdO、CdS；烟尘颗粒大小不一，形状各异，多呈相互黏结或包裹状。此外，铅冶炼过程也会产生非工艺过程废物，如烧结机、熔炼炉、熔化炉以及电解槽等更换下来的废旧内衬与耐火材料。

（六）锌冶金固体废物

湿法炼锌的传统工艺流程及渣产出环节以及主要固体废物由以下叙述。

1.铅银渣

湿法炼锌浸出作业有低温常规浸出和高温高酸浸出两种。常规浸出工艺产生的浸出渣含锌较高，达20%以上，国内除云南驰宏锌锗股份公司采用烟化炉挥发工艺回收渣中有价金属外，其他企业多采用回转窑挥发锌。高温高酸浸出渣，即铅银渣，有价金属银、铅含量高。其中元素锌主要以 ZnS 和 $ZnO \cdot Fe_2O_3$ 形式存在；铁主要以 Fe_2O_3 和 FeO 形式存在；铅主要以 PbS 和 $PbSO_4$ 形式存在；硅主要以 SiO_2 形式存在；砷主要以 $Me_3(AsO_4)_2$ 形式存在；锑主要以 $Me_3(SbO_4)_2$ 形式存在；银主要以 Ag_2S 和 AgCl 形式存在。

2.硫渣

ZnS精矿氧压浸出新工艺中ZnS精矿直接在氧气气氛的常压或加压酸性液中浸出，硫被氧化成单质硫，浸出结束后硫浮选获得硫渣，由于氧压直浸工艺不产生SO_2气体，且可从硫渣中直接回收硫黄，在环保和经济方面都有很强的竞争力。除锌湿法冶炼新工艺外，氯化浸出过程及电解过程也会产生含单质硫的硫渣，硫黄比例在25%~90%。硫渣中还含大量贵重金属，提硫后贵重金属得到富集，可回收利用。

3.氧化锌浸出渣

目前锌的生产主要采用常规湿法冶炼和直接浸出工艺，最为常用的仍是氧化焙烧—酸浸—净化—电积四段产锌工艺。但是，高铁锌精矿的使用，导致氧化焙烧阶段生成大量的铁酸锌，铁酸锌的生成以及未完全氧化的硫化锌共同阻碍锌铁的回收。据统计，每生产1t锌产生约0.52t铁渣，全国年产铁渣约270万t，渣中平均含铁35%，含锌20%左右，此外还有大量的铅、铜、银等有价金属。

4.铜镉渣

湿法锌冶炼工业中，在酸浸后的浸出液中加入一定量的$CuSO_4$，促使浸出液中的Co、Ni沉淀分离，并在后续工艺中加入过量的锌粉置换除去其他杂质的过程中产生了大量铜镉渣。铜镉渣的主要成分为Cu、Zn、Cd，其次为Pb、Fe、Co、Ni等，还有少量硅土等酸不溶物。

5.钴渣

湿法炼锌净化过程中产生的钴渣是一种典型的多金属渣泥，锌含量40%～50%，钴含量0.3%～4%，铜含量4%～5%，镉含量2%～3%。目前，以一个10万t/a湿法炼锌企业为例，每年产出的钴渣约4000t。锌精矿经硫酸化焙烧和浸出后，铜、镉、镍、钴、砷、锑、铁等杂质进入中性浸出液，其中钴是一种难以除去的杂质。国内外湿法冶炼厂除钴的方法总体有两类：一是化学试剂除钴法，如添加黄药除钴法和α-亚硝基-β萘酚除钴法；二是添加砷盐、锑盐和锡盐等活化剂的锌粉或合金锌粉置换除钴。国内湿法冶炼厂通常采用逆锑净化法，即添加锑盐活化剂的锌粉或合金锌粉置换除钴。所产生的净化钴渣成分复杂，主要的处理工艺有氨-硫酸铵法、置换除钴法、氧化沉淀法、选择性浸出和溶剂萃取法。

6.铁钒渣

在湿法炼锌厂中，45%采用热酸浸出-铁钒除铁工艺处理中性浸出渣，其他5%采用回转窑还原挥发。在热酸浸出—铁钒除铁工艺中产出大量铁钒渣，含Fe25%，Zn6%～8%以及其他有价金属，如Ga、Ge、In、Ag等。在所有的铁氧化物中，铁矾是最不稳定的结构。

7.挥发窑渣

在锌常规浸出工艺中，焙砂经中性及低酸两段逆流浸出，所含Pb、Au、Ag、In、Ge、Ga及Cu60%、Cd30%和Zn15%进入浸出渣中。浸出渣采用威尔兹法进行处理，即干燥后配入45%～55%的焦粉，混合后送入回转窑，在1100～1300℃高温下，Zn、Pb和Cd等还原挥发产出次氧化锌，半熔融状态的炉渣从窑尾排出水淬成窑渣。窑渣主要有价元素成分：0.7%～1.2%Cu、35%～40%Fe、15%～18%C、0.1～0.3g/t Au、250～300g/t Ag、100～250g/t In和100～300g/tGe。采用常规湿法炼锌工艺，生产 1t 电锌约产出浸出渣 1.05t，窑渣 0.8t。我国每年约产出窑渣 150 万 t。窑渣的硬度高、粒度细，其成分、物相及嵌布状态复杂，历经数十年研究，其综合回收工艺仍未取得突破。

（七）镁还原渣

随着我国金属镁工业的快速发展，镁渣的排放量逐年增加。目前我国镁渣的排放量已达数百万吨，但是我国镁渣的利用率很低。镁渣的大量排放堆积，占用了大量的土地资源，并对农作物和周围环境造成了极大的影响。由于镁渣中含有较高的 CaO 和 SiO$_2$，具有一定的火山灰活性，可以用来代替部分原料配料、煅烧熟料以及用来作为胶凝材料使用。因此，镁渣的处理及资源化具有显著的社会效益和环境效益。

（八）废水处理污泥

废水处理过程中产生的污泥含有很多有毒有害的重金属（如 Cr、As、Cu、Cd 等），具有易积累、不稳定、易流失等特点。铅锌冶炼厂排出的重金属废水一般呈酸性，首先须进行中和处理，然后加入去除各种重金属离子所需的药剂。在投加药剂时，会产生大量的渣，其中主要的是由中和作用产生的渣（中和渣）。目前国内所采用的中和剂大都为碳酸钙和氧化钙，其主要原因是其价廉，易就地取材，易脱水，但产生的渣量大。

针对污泥的特点及其危害性，从环境污染防治和资源循环利用的角度考虑，主要采用以下两种处理方式：一是进行无害化处置；二是对污泥中的有价金属进行综合回收与资源化利用。对重金属污泥的处理应首先考虑回收利用，经回收处理后的污泥必须进行稳定化／固化处理，无害化后进行填埋处置。当前国内对于重金属污泥稳定化／固化处理处置的研究相对较少，缺乏成熟技术和方法，远远不能满足我国冶金工业高速发展和环境保护标准日益提高的要求。

二、废水排放情况

（一）有色金属冶金废水污染特征

有色冶金废水排放特征总体表现为：产排放量大，规模达到数万吨／天。目前，中国氧化铝生产废水排放已得到控制，大部分氧化铝企业的碱性生产废水通过回收利用，基本上达到了废水零排放。

铜冶炼过程中产生的废水主要来源于 SO$_2$ 烟气净化排出的废酸，湿法冶炼中的阳极泥工段、中心化验室排出的含酸废水、车间地面冲洗水、工业冷却循环水的排污水、余热锅炉排污水、锅炉化学水处理车间排出的酸碱废水和硫酸场地的初期雨水。其中，烟气净化排出的污酸废水中含有高浓度的砷及重金属离子等有毒有害物质，对环境的污染最严重。

铅冶炼企业的废水主要来源于制酸的动力波净化工段，该废水含有 $10\sim30g/L$ 硫酸和少量 F、Cl、As 等，通常采用石灰中和法处理。

锌冶炼废水主要来自浸出、固液分离、净化、电解等车间的跑、冒、滴、漏和地面冲洗；制酸工序的稀污酸以及厂区内收集的前期雨水等。锌冶炼废水中通常含有一定量的铅、锌、汞、镉、铜等阳离子和氟、氯、砷、硫酸根等有害阴离子。

（二）冶金烟气洗涤污酸

有色金属的冶炼过程产生大量夹杂铅、砷、汞等重金属烟尘的 SO_2 烟气，烟气在制硫酸过程中采用湿法除杂，在空塔、填料塔、动力波以及电除雾过程中均会产生大量的酸性废水，即为有色重金属冶炼烟气洗涤污酸废水。污酸废水为强酸性，硫酸浓度在 $4\%\sim11\%$ 之间，铜冶炼产生的污酸废水中，污染物以砷浓度最高、危害最大，同时还含有铅、镉、锌等重金属离子；铅锌冶炼产生的污酸废水中以汞和砷为主要污染物，还含有高浓度的锌和铅，阴离子主要为氟离子、氯离子。污酸废水具有成分复杂、重金属浓度高、波动大、重金属形态复杂及酸度高等特点，是目前冶炼厂酸性重金属废水的主要来源。国内外开发的污酸废水处理技术主要针对其中的砷，对于铜与砷的分离、砷与锌的分离以及酸的回收却鲜见研究，冶炼烟气洗涤污酸废水的处理与资源化利用仍是有色冶炼行业面临的巨大难题。

（三）重金属废水

重有色金属冶炼废水中的污染物主要是各种重金属离子，污染物种类多含量高，大多呈酸性，污染严重。主要来源于以下几种：①设备冷却水，排放量占总量的40%；②烟气洗涤净化废水，组成极复杂，含有酸、碱及大量重金属离子和非金属化合物；③冲渣水，在火法冶金中产生的熔融态炉渣进行水淬冷却时产生的，其中含有炉渣微粒及少量重金属离子等；④冲洗废水，对设备、地面、滤料等进行冲洗过程中产生的废水及湿法冶金过程中因跑、冒、滴、漏而产生的废水。

（四）轻金属废水

如铝生产，我国氧化铝的生产主要以铝矾土为原料采用碱法生产。废水来源于各类设备的冷却水、石灰炉排气的洗涤水及地面冲洗水等。废水中污染因子有 pH、COD、挥发酚、悬浮颗粒物、石油类等。

金属铝以氧化铝为原料采用熔盐电解法生产。具有一定规模的电解铝厂基本上配套铝用阳极生产系统，吨铝废水排放量一般在 $5\sim20m^3$ 之间。废水中的主要污染物为氟化物、悬浮颗粒物、COD、挥发酚以及石油类。镁工业在冶炼过程中产生的废水主要为酸性废水，来自含 SO_2 烟气的湿法洗涤酸性污水、镁锭酸洗包装含铬酸性废水，冶炼废水的水质水量相对稳定。

三、气态污染物排放情况

（一）有色金属工业废气排放情况

在铝工业中，氧化铝厂废气和烟尘主要来自熟料窑、焙烧窑等。此外，物料破碎、筛分、运输等过程也产生大量的粉尘，包括矿石粉、熟料粉、氧化铝粉、碱粉、煤粉和煤粉灰。电解铝厂主要的大气污染物是氟化物，其次是氧化铝卸料、输送过程中产生的各类粉尘。在金属镁生产过程中，硅热法镁厂生产的主要污染源是白云石煅烧回转窑，主要污染物是破碎、筛分、输送等过程产生的粉尘及煅烧、还原等过程燃料燃烧产生的 SO_2。电解法生产过程中会产生有毒的氯气。

自然界中重有色金属矿主要以硫化物状态存在，所以在重有色金属冶炼过程中均产生大量含 SO2 的废气，在熔剂和燃料的破碎、筛分、物料运输等机械过程中还将产生大量的粉尘。在燃烧、高温熔融和化学反应等过程，将产生含有一些有毒有害金属（如铅、锌、铬、砷及汞等）的氧化物和未完全燃烧的细颗粒的烟气。

（二）铝冶炼烟气

氧化铝的生产方法有拜耳法、烧结法和联合法。其中拜耳法工艺最简单、能耗低、大气污染排放量小，是氧化铝生产的最佳工艺，目前国际上90%以上的氧化铝是采用拜耳法生产的，但是该方法只适用于处理铝硅比8.0以上的铝矿石。由于我国铝矿石铝硅比相对较低（80%以上铝土矿铝硅比为 4～8）以及技术水平的限制，我国氧化铝生产除了采用纯拜耳法，还有联合法、烧结法、石灰拜耳法和选矿拜耳法。氧化铝产生的主要大气污染物是颗粒物和 SO_2，烧结法和联合法工艺的主要大气污染源是熟料烧成窑，其次是氢氧化铝焙烧炉，拜耳法没有熟料烧成窑，氢氧化铝焙烧炉是主要污染源。

金属铝生产采用的是冰晶石－氧化铝熔盐电解法，是目前生产金属铝的唯一方法。以冰晶石作为熔剂，氧化铝作为熔质，以碳素体作为阳极，铝液作为阴极，通入强大的直流电后，在950～970℃下，在电解槽内的两极上进行电化学反应。电解铝工业对环境影响较大，属于高耗能、高污染行业，是铝厂主要的大气污染源。电解铝生产中排出的废气有 CO_2、以 HF 气体为主的气－固氟化物、粉尘、沥青烟（自焙槽）及 SO_2 等。每生产 1t 铝，从电解槽排出含氟烟气为 15～25 万 m^3，产生大气污染物 0.387t。据美国统计，在排出氟化物的各工业部门中，电解铝占15.6%。

沥青烟：冶金行业沥青烟来自碳素行业焙烧炉和浸渍工序以及炼铝业焙烧炉。沥青主要是由碳、氢、氧、硫和氮等5个元素所组成，而沥青烟是沥青热解而散发出来的。一般情况下，沥青烟主要表现为沥青蒸气，其凝结点高达200℃，显著特点是易黏附、高温时电阻大，在250℃以上易燃爆。沥青烟由液态烃类颗粒物和气态烃类衍生物组成，所含多环芳烃［苯并（a）芘］对人体危害很大。在沥青烟气的收集、输送及消烟过程中极易黏着在管道及设备表面上形成液态至固态沥青，凝结后的沥青很难除掉，往往造成管道堵塞，设备破坏，使系统无法正常运行。

沥青烟成分相当复杂：①沥青烟的组分与沥青相近，一般含有2.61%～40.7%的游离碳，其余就是多环芳烃（PAH）及少量的氧、氮、硫的杂环化合物等。②作为一个成分复杂的污染体系，沥青烟主要的产生源煤沥青就是由数以千计的复杂化合物组成的混合物。③气－质联机分析表明，沥青烟污染物含有成分达196种，其中含量较高并被确认的有81种，主要是芴、苊、菲、蒽、咔唑、萘、荧蒽、芘、呋喃、噻吩、茚、联苯及上述物质的衍生物。沥青烟的成分只有定性分析结果，还没有成分比例分布的定量分析数据。沥青烟中不同污染物在同一温度处于不同的相态，同时具有气相（有机蒸气）、液相（中沸点凝聚化合物）、固相（高熔点高分子聚合物）。

（三）冶炼烟气

当前，全球矿铜产量的75%～80%来自以硫化物形态存在的硫化铜矿，采用火法冶炼工艺提炼铜。主要过程：经开采、浮选后获得铜精矿，然后经造锍熔炼获得铜锍，经吹炼产出粗铜，再经过火法精炼、电解精炼后得到99.95%以上的电解铜。造锍熔炼的传统方法有鼓风炉熔炼、反射炉熔炼和电炉熔炼。新的强化熔炼有闪速熔炼和熔池熔炼两大类，其中闪速熔炼包括奥托昆普型闪速熔炼和加拿大国际镍公司闪速熔炼等，熔池熔炼包括诺兰达法、特尼恩特法、三菱法、艾萨法、澳斯麦特法、瓦纽科夫法和白银法等。强化熔炼技术可以提高金属和硫的回收率，减少环境污染，特别是SO_2污染可以得到有效控制。铜锍吹炼方法有传统的卧式转炉、连续吹炼炉、虹吸式转炉。近年来，吹炼技术又有创新，如ISA吹炼炉、三菱吹炼炉和闪速吹炼炉等。

（四）铅冶炼烟气

采用不同铅冶炼方法，所产生的烟气性质也会有所差异：①烟气SO_2浓度不同，基夫塞特炉、QSL法、卡尔多炉等直接炼铅工艺产生的SO_2浓度高，传统烧结－鼓风炉产生的SO_2浓度低不能用于制酸；②SO_2产生量不同，采用SKS炼铅法的企业SO_2产生量在8～10kg/t粗铅左右，采用卡尔多炉法企业SO_2排放量约3.32kg/t粗铅，而传统炼铅工艺的SO_2产生量达到20kg/t粗铅以上；③废气排放量和颗粒物排放量不同，烧结一鼓风炉法每吨铅废气排放量在 $5\sim10$ 万 m^3 之间，而直接炼铅法废气量则较小，有的甚至在 1 万 m3/t 铅以内。铅冶炼企业颗粒物排放量一般为 $1.12\sim8.26kg/t$ 铅。水口山法炼铅吨粗铅颗粒物排放量为 $1.854\ kg/t$，ISP 法进行改造后可达到 $3.82kg/t$，而卡尔多炉颗粒物排放量可达到 1kg/t 以下。

（五）锌冶炼烟气

锌冶炼有火法和湿法两类，湿法炼锌是当今世界最主要的炼锌方法，主要是"焙烧—浸出工艺"，其产量占世界总锌产量的 85% 以上。"焙烧—浸出"工艺包括焙烧、浸出、净液、电积、阴极锌熔铸五个工序，主要生产设备有精矿干燥窑、焙烧炉、浸出设备、反射炉或感应电炉、浸出渣挥发窑、烟化炉、多膛焙烧炉等。冶炼过程中产生的废气污染物主要是 SO_2 和粉尘。

四、有色冶金固废处理与资源化

（一）有色冶金固废处理与资源化方法概述

固体废物的处理是通过物理化学和生物手段将废物中对人体或环境有害的物质分解为无害成分或转化为毒性较小的物质进行运输、资源化利用和最终处置的过程，如废物解毒、有害成分的分离和浓缩、废物的稳定化等。固废的处置是通过焚烧、填埋或其他改变废物的物理、化学、生物特性的方法减少已产生的固体废物数量、缩小固体废物体积、减少或者消除其危险成分，并将其置于与环境相对隔绝的场所，避免其中的有害物质危害人体健康或污染环境。

有色冶金固废处理与处置技术主要包括化学处理法、物理处理法、生物处理法、稳定化/固化方法、焚烧法、填埋法及综合处理法。

1.化学处理法

化学处理法主要用于处理无机废物，如酸、碱、重金属、氰化物等，冶金过程固体废物处理方法有焚烧、溶剂浸出、化学中和、氧化还原等。

2.物理处理法

物理处理法通常有重选、磁选、浮选、拣选、分选等各种相分离及固化技术。固化工艺用以处理残渣物，如飞灰及不适于焚烧处理或无机处理的废物，特别适用于处理金属废渣、工业粉尘等。

3.生物处理法

生物处理法适用于有机废物的堆肥和厌氧发酵，冶金工程提炼铜等金属的细菌冶金，有机废液的活性污泥法。

4.稳定化/固化技术

固体废物的稳定化/固化占有举足轻重的地位，经其他无害化、减量化处理的废物都要全部或部分地经过稳定化／固化处理才能进行最终处置或利用。目前已经应用和正在开发的稳定化／固化技术有水泥固化、石灰固化、熔融固化、热塑性固化、自胶结固化、化学药剂稳定化等。其中，水泥固化工艺简单、成本低，为最常用的危险废物固化方法。工业发达国家从20世纪50年代初期开始研究水泥固化处理放射性废物，后来研究出沥青固化、玻璃固化等。目前固化主要是采用无机胶结剂处理重金属废物，属于以水泥和石灰为基材的工艺方法。日本固体废物处理处置领域强调减量化，除传统的水泥固化仍在应用外，其他技术均考虑了减量化的因素，在焚烧基础上开始研究熔融固化技术，并针对传统固化工艺增容比大的特点研究开发了化学药剂稳定化技术。国内的稳定化／固化技术研究起步于放射性废物处理，在水泥和沥青固化方面积累了许多经验，广泛应用于危险废物处理。但传统的固化技术由于固化基材添加量大，使废物增容比较大，给后续处理带来诸多技术和经费的问题。因此，今后的研究重点为开发新型化学药剂稳定化技术和设备，筛选和研制高效稳定化药剂，在对废物进行无害化处理的同时实现最小量化。

5.焚烧法

一般有毒、高能量的有机废物采用焚烧处理。固体废渣经过焚烧处理可蒸发表面水分，燃烧后进行热分解并聚集成高热量和释放挥发组分，最终烧尽形成灰渣。焚烧法具有显著的减容、稳定和无害化效果，但也有明显的缺点，不仅一次性投资大，还存在操作运行费用高、热值低、产生会造成二次污染的多种有害物质与有害气体。

6.填埋处理技术

将固体废渣填入大坑或洼地中利于地貌的恢复和维持生态平衡，根据不同有害废物的特点宜采用不同的填埋方法。一般工业固体废物填埋场的修复可参照城市生活垃圾卫生填埋场的建设标准。填埋物对含湿量、固体含量、渗透性、长期稳定性等有一定要求，毒性较大的废物要经过妥善的预处理后才可送填埋场，具有特殊毒性及放射性的废物严禁填埋，两种或两种以上废物混合时应不会发生反应、燃烧、爆炸或放出有害气体。填埋废渣经过微生物作用之后会产生废气，主要有 CH_4、CO_2、H_2S 等，这些废气必须进行安全排放或收集、净化处理和利用。排气设施可采用耐腐蚀性强的多孔玻璃钢管，根据地形垂直埋设于废渣层内，管周填碎石，碎石用铁丝网或塑料网围住，围网外径为 1～1.5mm，垂直向上的排气管设施随废渣层的填高而接长，导排气管收集废气的有效半径约为45m。填埋场的封场应填满之后覆一层 200～300mm 厚的黏土，再覆盖 400～500mm 厚的自然土并均匀压实，最终覆土之上加营养土250mm，总覆土厚度在1m以上，封场顶面坡度不大于33％，填埋场两侧的山坡需修建截洪沟排除山坡雨水汇流，使场外径流不得进入填埋场内，截洪沟的设防能力按25年一遇的洪水量考虑。填埋法建设和运行费用比较低、操作简单，但由于技术上的不完善所造成的环境问题仍很多，如废渣中的有机组分在填埋场厌氧环境中产生甲烷造成大气污染并易引起甲烷爆炸事故，废渣受雨水淋滤或地下水的侵蚀造成大量污染物进入地下水或地表水，渗滤液的成分复杂，有害物质浓度高。

7.综合利用方法

综合利用方法是实现固体废物资源化、减量化的最重要手段之一。在废物进入环境之前对其进行回收利用，可减轻后续处理处置的负荷。如工业废物采用人工和气流、磁力等分选法进行回收利用；粉煤灰、煤渣等制作成水泥、烧结砖、蒸养砖、混凝土、墙体材料等建材。

（二）有色冶金固废处理与资源化技术

1.赤泥无害化堆存技术

赤泥堆存最大的污染控制目标主要是减轻赤泥附水的碱渗透和污染。目前最为有效的赤泥安全堆存的控制技术是赤泥进行压滤后形成干滤饼再予堆存的技术。赤泥干滤饼含附液量低于30%，成干块状，堆存时不会产生大量的附液积聚，因此安全性较高；由于附液大量进入滤液被返回氧化铝厂，不仅降低了赤泥堆存碱污染的风险，而且还降低了氧化铝和碱消耗。此外，赤泥堆场底部及周边的防渗技术、烧结法赤泥混合筑坝、赤泥坝边坡加固绿化、赤泥库内回水聚集回收等技术已经推广应用。采用具有防渗功能的防渗薄膜填衬在堆场底部，可起到附液防渗作用。该技术已在所有氧化铝企业得到了应用。

2.赤泥高效资源化利用技术

（1）赤泥高效资源化利用技术

赤泥是铝土矿用碱提取氧化铝残留的工业废渣。赤泥主要成分为 SiO_2、Al_2O_3、CaO、Fe_2O_3，同时含有大量的稀土元素，造成有价资源流失。高盐度、强碱性的赤泥造成土壤碱化，地下水污染，浪费土地资源，必须要进行赤泥中有价资源的综合回收。赤泥的利用是一项世界性技术难题。

（2）赤泥选铁技术

铁是赤泥的主要成分，一般含10%～45%，但若直接作为炼铁原料，其含量还很低，因此有些国家先将赤泥预焙烧后入沸腾炉内，在700～800℃下还原，使赤泥中的 Fe_2O_3 转变为 Fe_3O_4。还原物经过冷却、粉碎后用湿式或干式磁选机分选，得到含铁63%～81%的磁性产品，铁回收率为83%～93%，是一种高品位的炼铁精料。

3.从赤泥中回收铝、钛、钒、锰等多种金属利用苏打灰烧结和苛性碱浸出，可以从赤泥中回收90%以上的氧化铝，而沸腾炉还原的赤泥，经分离出非磁性产品后，加入碳酸钠或碳酸钙进行烧结，在pH为10的条件下，浸出形成的铝酸盐，再经加水稀释浸出，使铝酸盐水解析出，铝被分离后剩下的渣在80℃条件下用50%的硫酸处理，获得硫酸钛溶液，再经过水解而得到TiO_2；分离钛后的残渣再经过酸处理、煅烧、水解等作业，可以从中回收钒、铬、锰等金属氧化物。赤泥还可以直接浸出生产冰晶石（Na_3AlF_6）。

4.从赤泥中回收稀有金属

从赤泥中回收稀有金属的主要方法有：还原熔炼法、硫酸化焙烧法、非酸洗液浸出法、碳酸钠溶液浸出法等。国外从赤泥中提取稀土稀有元素的主要工艺是酸浸—提取工艺，酸浸包括盐酸浸出、硫酸浸出、硝酸浸出等。由于硝酸具有较强的腐蚀性，且随后的提取工艺不能与之衔接，因此，大多采用盐酸、硫酸浸出。苏联等国将赤泥在电炉里熔炼，得到生铁和渣。再用30%的硫酸在80~90℃条件下，将渣浸出1h，浸出溶液再用萃取剂萃取锆、钪、铀、钍和稀土类元素。

5.赤泥生产环境修复材料

赤泥可用于除去废水中的重金属离子及磷酸根、氟离子、亚砷酸根。已有研究表明，赤泥对此类物质有较好的吸附性能，如脱磷率可达72%，成本低，方法简单。赤泥用于烟气脱硫，通过与硫酸烧渣等配合制备氧化系脱硫剂，脱硫效率可达80%。另外，赤泥对土壤中重金属离子有较好的固着性能，使其活性降低，有利于微生物和植物的生长，降低土壤空隙水、农作物种子、叶子中的重金属含量，因此可利用赤泥生产环境修复材料用于修复土壤。

6.赤泥生产水泥

烧结赤泥作为水泥原料，配以适当的硅质材料和石灰石，赤泥的配比可达25%~30%。用赤泥可生产多种型号的水泥，其工艺流程和技术参数与普通的水泥厂基本相同：从氧化铝生产工艺中排出的赤泥，经过滤、脱水后，与砂岩、石灰石和铁粉等共同磨制得到生料浆，使之达到技术指标后，用流入法在蒸发机中除去大部分的水分，而后在回转窑中煅烧成熟料，加入适量的石膏和矿渣等活性物质，磨至一定细度，即得水泥产品。每生产1t水泥可利用赤泥400kg。该水泥熟料采用湿法生产工艺，因为生产水泥所用黏土质原料是赤泥，其含水率高达60%，细度高、比表面积大，难以烘干，烘干赤泥后的熟料，不仅飞扬损失多，而且废气也不易净化处理，故不便采用干法处理。实践表明，采用湿法工艺生产的普通硅酸盐水泥质量达标，具有早强、抗硫酸盐、水化热低、抗冻及耐磨等优越性能，在工业建筑、机场跑道、桥梁等处的使用效果良好。需要注意的是对所用赤泥的毒性和放射性须先进行检测，以确保产品的安全。

7.赤泥制造炼钢用保护渣

烧结赤泥含有 SiO_2、Al_2O_3、CaO 等组分，为 CaO 硅酸盐渣，而且含有 Na_2O、K_2O、MgO 等熔剂组分，具有熔体的一系列物化特性，而且资源丰富，组成成分稳定，是钢铁工业浇注用保护材料的理想原料。赤泥制成的保护渣按其用途大体可分为：普通渣、特种渣和速熔渣，适用于碳素钢、低合金钢、不锈钢、纯铁等钢种和锭型。实践证明，这种赤泥制成的保护渣可以显著降低钢锭头部及边缘增碳，提高钢锭表面质量，可明显改善钢坯低倍组织，提高钢坯成材质量和金属回收率，具有比其他保护材料强的同化性能，其主要技术指标可达到或超过国内外现有保护渣的水平。生产工艺简单，产品质量好，可以明显提高钢锭（坯）质量，钢锭成材金属收率可提高 4%，具有明显的经济效益，当生产规模为 15000t/a 时，可处理赤泥量 9000t/a，该方法是处理赤泥的有效途径之一，具有推广价值。

8.利用赤泥生产砖

利用赤泥为主要原料可生产多种砖，如免蒸烧砖、粉煤灰砖、装饰砖、陶瓷釉面砖等。以烧结法赤泥制釉面砖为例，其所采用的原料组分少，除赤泥作为基本原料，仅辅以黏土质和硅质材料，其工艺过程为：原料→预加工→配料→料浆制备（加稀释液）→喷雾干燥→压型→干燥→施釉→煅烧→成品。此外，北京矿冶研究院对拜耳法赤泥成分、特性进行了研究，利用拜耳法赤泥制作釉面砖，用该法可以烧成合格的釉面砖，赤泥掺加量达 40%。赤泥在建材工业中的其他用途还有：制备赤泥陶粒、生产玻璃、防渗材料、铺路等。目前已有部分投入生产运营，有的赤泥中尚含有 U、Th、Se、La、Y、Ta、Nb 等放射性元素和稀有金属，如长期身处这类建材中，将直接危害人体健康，故使用前需要注意的是对所用的赤泥的毒性和放射性问题进行检测，以确保产品的安全。

9.利用赤泥生产硅钙肥料和塑料填充剂

赤泥中除含有较高的硅钙成分外，还含有农作物生长必需的多种元素，利用赤泥生产的碱性复合硅钙肥料，可以促使农作物生长，增强农作物的抗病能力，降低土壤酸性，提高农作物产量，改善粮食品质，在酸性、中性、微碱性土壤中均可用作基肥，特别对南方酸性土壤更为合适。此外，用赤泥作塑料填充剂，能改善 PVC 的加工性能，提高 PVC 的抗冲击强度、尺寸稳定性、黏合性、绝缘性、耐磨性和阻燃性，这种塑料还有良好的抗老化性能，是普通 PVC 制品寿命的 4~5倍，生产成本低 2% 左右。山东淄博市罗村塑料厂试制和生产的赤泥聚乙烯塑料证明，烧结法产生的赤泥对 PVC 树脂有良好的相容性，是一种优质塑料填充剂，可以取代轻质碳酸钙且起部分稳定剂的作用。

10.赤泥除去水中的重金属离子

国外曾进行拜耳法赤泥处理含有 Cu^{2+}、Zn^{2+}、Cd^{2+}、Pb^{2+} 废液的探索试验，不经焙烧的赤泥直接处理废液就可使其达到排放标准，焙烧后的赤泥处理废水效果更加显著。赤泥还表现出较好的重金属吸附能力。用赤泥与硬石膏的混合物加水制成在水溶液中稳定性好的集料,这种集料对重金属离子吸附性能较强。将拜耳法赤泥用 H_2O_2 处理去除表面有机物,500℃下活化处理,用于吸附水体中的 Pb^{2+}、Cr^{6+} 重金属离子。结果表明,活化赤泥对 Pb^{2+}、Cr^{6+} 有显著的吸附性能,可在较宽的浓度范围内有效地清除水体中的 Pb^{2+} 和 Cr^{6+}。吸附柱实验表明,赤泥吸附剂具有工业应用价值,可直接用 $1mol/LHNO_3$ 处理吸附柱,使被吸附的金属脱吸,吸附剂可以重复使用。

11.赤泥用作某些废水的澄清剂

筛选粒径为0.1mm的赤泥为原料,加入硫酸,升温通入氧气并搅拌,然后在90℃的恒温水浴中反应2h,冷却、过滤,即得 $Fe_2(SO_4)_3$ 和 $Al_2(SO_4)_3$ 溶液,该溶液与在一定酸度条件下聚合的硅酸混合,陈化2h,即得聚铝铁复合絮凝剂,其兼有聚铁絮凝剂和聚铝絮凝剂的优点,具有工艺简单、投资少、净水效果好的特点,但由于赤泥本身含有大量的化学物质,赤泥在对废水有害物质的吸附过程中,势必对水的浊度和毒性有一定的影响。

12.赤泥对水体中有机物污染的环境修复

有机污染物特别是有机氯污染已成为日益严峻的环境问题。由于含氯有机物肥料的焚烧成本高(需900℃以上高温),且焚烧产物会形成碳酰氯、二苯呋喃等二次污染物,因此不能用焚烧法处理。在催化剂的作用下,用氢脱氯反应可将其转化为无毒或低毒性化合物。常用的催化剂是过渡金属硫化物,大规模使用时成本高。赤泥中含有大量的铁氧化物和氢氧化物,硫化处理后可将其转化为硫化物。

13.赤泥在废气治理中的应用

拜耳法赤泥中含有赤铁矿、针铁矿、一水硬铝石、含水硅铝酸钠、方解石等物相,经热处理后可形成多孔结构,比表面积可达 $40 \sim 70m^2/g$,因此,在硫化氢废气污染治理过程中,可利用其较佳的吸附性能,和硫酸烧渣、平炉尘等一道为主要原料制备廉价的氧化系脱硫剂。对赤泥作烟气脱硫的研究表明,其脱硫效率可达80%,如果在赤泥中添加碳酸钠,可提高赤泥吸附 SO_2 的能力。此外赤泥还可以处理硫化氢、氮氧化物等污染气体。

14.赤泥对重金属污染土壤的修复作用

土壤中的重金属污染将导致植物中毒,微生物活性降低,一些对土壤肥力起关键控制作用的过程如生物固氮、植物残渣分解、养料循环等将受到严重影响,最终影响农作物的生长和产量。赤泥对土壤重金属污染有一定的环境修复作用,经过赤泥的修复,土壤中微生物含量增加、土壤孔隙大、农作物种子和叶中的重金属含量降低。赤泥修复作用机理主要是赤泥对土壤中的 Cu^{2+}、Ni^{2+}、Zn^{2+}、Cd^{2+}、Pb^{2+} 有较好的固着性能,使其从可交换状态转变为键合氧化物状态,从而使土壤中重金属离子的活动性和反应性降低，有利于微生物活动和植物生长。

（三）废槽内衬综合利用技术

铝电解废槽衬的主要化学成分有碳素材料、冰晶石、剩余的耐火材料和保温材料等。我国废旧阴极大部分采用露天或掩埋堆放的方式处理，废内衬中含有可溶氟和氰化物等有毒物质，会随雨水渗入土壤，造成污染。目前处理废槽衬的方法分为如下几大类：①浮选处理技术：浮选法是将废阴极炭块磨粉，与水和浮选剂一起加入浮选槽，经多次浮选，得到电解质和炭粉。②硫酸酸解法：将废槽衬粉碎后投入预先注入水和浓硫酸的酸解罐中进行酸解，产生的气体用水反复淋洗，回收氢氟酸，其滤渣可制取石墨粉和工业氢氧化铝、氧化铝。③用废阴极炭块生产阳极保护环：将废阴极炭块破碎后作为干料，以糖浆或淀粉为黏结剂，混匀后即成保护料直接捣固安装在阳极钢爪上，通过自焙烧形成牢固的保护环。④火法处理技术：在废槽衬中配入石灰石等添加剂，混合料在高温下进行处理，最终产品可利用或填埋处理。

（四）有色冶金烟尘处理与资源化技术

随着环保要求的不断提高和处理工艺的不断改善，铜烟尘的综合利用方法逐渐从传统火法处理工艺向湿法处理工艺发展，全湿法工艺、湿法－火法联合工艺和选冶联合工艺等方法得到了广泛的应用。

1.火法处理铜烟尘

20世纪60年代初，主要采用全火法流程回收铜烟尘中的锌、铅，其他有价元素未得到有效回收利用。传统全火法处理铜烟尘的工艺主要有反射炉熔炼、电弧炉熔炼、鼓风炉熔炼及直接回炉熔炼等，其中采用较多的是鼓风炉熔炼，主要流程为：铜烟尘先经鼓风炉还原熔炼得出铅铋合金，铅铋合金经处理后浇铸成阳极进行电解，析出的铅经碱性精炼后铸成电铅锭；铋残存于阳极泥中，再熔化并除铜，加碱熔铸则得到粗铋和含铜残渣。粗铋经碱法除锑、加锌除银、氯化除铅锌，最终精炼后得到精铋。银锌渣用来回收银，氯化锌渣生产氯化锌，氯化铅渣回收铅。该工艺优点在于处理量大、成本较低、铅和铋回收率高（回收率分别可达90%和80%），缺点是操作环境差、会产生二次污染，且没有对烟尘中其他有价元素进行有效回收。

2.全湿法工艺处理铜烟尘

火法处理铜烟尘存在着回收率低，操作环境较差，会产生二次污染等问题，因此，湿法冶金技术逐渐在铜烟尘的综合利用上得到了应用。全湿法工艺处理铜烟尘的基本流程为"浸出－置换沉铜－氧化中和除铁－浓缩结晶"生产硫酸锌，浸出渣则用于生产三盐基硫酸铅。

　　酸浸－碳酸铵转化法是全湿法工艺回收铜烟尘中的有价元素。将铜烟尘酸浸之后，浸出液采用置换沉铜－氧化除铁－浓缩结晶生产硫酸锌有效地回收浸出液中的铜、锌，并采用P_2O_4做萃取剂回收浸出液中的铟。铅以硫酸铅形式存在于浸出渣中，渣中同时还含有铋，故先对浸出渣进行铅、铋分离，再采用碳酸铵转化－硝酸溶解－硫酸沉铅的转化法生产三盐基硫酸铅。首先将浸出渣水洗去酸后，在常温常压下加碳酸铵使硫酸铅转化为碳酸铅，其后加硝酸将碳酸铅溶解，固液分离后，浸出液再次使用硫酸沉铅生产三盐基硫酸铅，铅的回收率可达到75%以上，浸出渣中的铋得到有效富集和回收。水浸－氯化浸出的全湿法工艺回收铜烟尘中的铜、铅、银、锌。将烟尘进行水浸后，浸出液采用置换沉铜－中和除杂－浓缩结晶生产硫酸锌的工艺回收铜、锌，浸出渣用$CaCl_2$-NaCl溶液加热常压浸出，将渣中的铅浸出生产三盐基硫酸铅。经氯化浸出后，铅以氯化铅形式结晶析出，银以海绵银形式被置换回收。结晶析出的氯化铅水洗去残留Cl^-后，加入硫酸，在80℃下充分搅拌使氯化铅转化为硫酸铅，再将硫酸铅水洗至中性，缓慢加入NaOH溶液生产三盐基硫酸铅。全湿法处理铜烟尘工艺具有污染小、操作环境好、有价元素的综合回收率高、技术成熟等优点，但也存在流程长、操作条件复杂等缺点。

　　3.湿法－火法联合工艺处理铜烟尘

　　采用联合法处理铜烟尘时，铜、锌的回收工艺与全湿法回收铜锌的工艺基本相同，两种方法的主要区别在于浸出渣的处理工艺上，联合法使用火法处理浸出渣。按浸出方式的不同，联合法处理铜烟尘可分为水浸、酸浸、氯盐浸出等方法，其中使用最多的是水浸和酸浸。

　　4.水浸－火法工艺

　　铜烟尘中主金属铜、锌、铅主要以硫酸盐形式存在，铋以氧化物形式存在，由于铜、锌硫酸盐易溶于水，铅、铋化合物难溶于水，因此，采用水浸处理铜烟尘可有效使铜、锌与铅、铋分离。浸出液经处理后回收铜、锌、铟、镉等有价元素，浸出渣则使用反射炉或鼓风炉熔炼回收铅、铋等有价元素。

　　5.酸浸—火法处理铜烟尘

　　酸浸法处理铜烟尘，流程与水浸法基本相同，但更有利于铜、锌等有价元素的浸出。酸浸—鼓风炉熔炼的工艺处理铜烟尘回收其中的铜、锌、镉、铟、铅、铋。铜烟尘酸浸液用P_{204}萃取回收铟，铟的回收率可达95%。萃余液加铁置换回收铜，得到品位为55%的海绵铜，其后将溶液氧化除铁，加锌粉置换回收溶液中的镉，经浓缩结晶回收其中的锌。酸浸渣采用鼓风炉熔炼－铅铋合金电解－高铋阳极泥熔炼的工艺回收铅、铋。湿法－火法联合工艺处理铜烟尘虽然部分解决了砷和铅的污染问题，但仍然存在工艺流程长、操作条件复杂和环境污染大的缺点。

6.选冶联合法处理铜烟尘

近年来，选冶联合工艺在铜烟尘的综合利用上也得到了应用。铜烟尘经浸出和固液分离后，浸出液经置换法回收铜、沉淀法除砷铁后，溶液进行蒸发、浓缩生产硫酸锌，浸出渣通过浮选或重选产出铅精矿及铜精矿，进一步简化了工艺流程。含有1.45% Cu、35.50% Pb、10.20% Zn、0.86% Cd、2.06%% Bi、1.03% As、0.038% In、2.40% Fe和12.90% S的铜烟尘在120～130℃、硫酸浓度74～98g/L、液固比为3～5的条件下加压酸浸2～3h，烟尘中80%的砷进入溶液，铜的浸出率小于液固比10%，实现了铜和砷的有效分离。将浸出液中的砷、铁除去后，采用常规湿法冶金的方法回收锌、镉、铟，分别产出硫酸锌、海绵镉和海绵铟，溶解的砷和铁以砷酸铁的形式沉淀入渣。浸出渣中的铋采用H_2SO_4-NaCl溶液浸出，铋浸出率为93%，浸出液用铁粉置换得到海绵铋。浸出铋后的浸出渣采用浮选方法回收铜和铅，分别得到铜精矿和铅精矿。

铜烟尘先用水浸，然后通过固液分离、浸出液置换沉铜、调节pH除铁、砷，除铁、砷后的浸出液浓缩结晶生产七水硫酸锌，浸出渣采用重选分离出铜精矿、次精矿、中矿和尾矿，铜大部分富集于精矿和次精矿中，铜的回收率达98%，可直接返回铜熔炼工序，渣中砷则富集于尾矿。该工艺铜的总回收率可达98.15%，且实现了杂质开路，大大减轻了后续工艺除杂的压力。选冶联合工艺的分离成本低、污染小，具有良好的应用价值，同时可以实现砷在尾矿中的富集，便于集中处理。

与传统火法回收工艺相比，全湿法工艺、湿法－火法联合工艺和选冶联合工艺由于污染小、金属回收率高、劳动条件好等优点，将在铜烟尘的综合利用过程中具有明显的应用前景。同时，在选择铜烟尘处理工艺时，应从原料成分和性质出发，选择合适的处理工艺，以降低生产成本，使效益最大化。

各产物的主要成分为：铅渣＞70% Pb、海绵铋＞45% Bi、Ag＞500g/t、海绵铜＞30% Cu、锡渣＞20% Sn、锌渣＞30% Zn。各有价金属的回收率为铅＞90%、铋＞96%、铜＞90%、锌＞90%、银＞98%、锡＞95%。可见，铜烟尘中的铅、锡、铋、铜、锌、银等有价金属都得到了较好的回收，砷得到了无害化处理。

7.铅烟尘的处理方法

国内炼铅企业通常将铅烟尘返回与原料混合后继续冶炼，以回收利用烟尘。由于近年炼铅原矿的铅品位下滑，导致烟尘中锌、镉、铜等重金属增多，返回冶炼会降低精矿品位且严重影响炉况。近年来对烟尘的综合利用开展了大量研究，如用硫酸浸出法将烟尘中的铅富集到浸出渣中，而其他大量金属进入溶液中，再用氯化钠溶液浸出铅；用浓硫酸焙烧—水浸法提取烟尘中的大量金属，用氨浸法由烟尘制取ZnO等。

（五）铜渣处理与资源化技术

1.铜渣的火法贫化

返回重熔和还原造锍是铜渣火法贫化的主要方式。炉渣返回重熔可回收铜，得到的铜锍返主流程，炉渣的钴、镍回收采取在主流程之外的单独还原造锍。

为降低渣中 Fe_3O_4 含量，还原可使 Fe_3O_4 转化为 FeO 并与加入的石英熔剂造渣以改善铜锍的沉降分离，并产生了一些新的贫化方式。①反射炉贫化：反射炉是炉渣贫化传统方法，在炉顶采用氧/燃烧喷嘴的反射筒形反应器，将含铜和磁性氧化铁矿物分批装入，通过风口喷粉煤、油或天然气进入熔池，还原磁性氧化铁使含量降低到10%，然后分离出熔融渣中铜锍，这种方法至今仍在日本小名浜冶炼厂和智利的卡列托勒斯炼铜厂应用。②电炉法贫化：用电炉提高熔体温度使渣中铜的含量降低，同时还原熔融渣中氧化铜，回收熔渣中细颗粒铜。电炉贫化不仅可处理各种成分的炉渣，而且还可以处理各种返料，电能在电极间的流动产生搅拌作用，可促使渣中的铜粒凝聚长大。③真空贫化：炉渣真空贫化使诺兰达富氧熔池炉渣 1/2～2/3 的渣层含铜量从5%降到0.5%以下，真空贫化可迅速消除或减少 Fe_3O_4 而降低渣的熔点、黏度和密度，以提高渣-锍间的界面张力而促进渣-锍分离。真空的作用是迅速脱除渣中的 SO_2 气泡，利用气泡的迅速长大上浮对熔渣进行强烈搅拌，增大了锍滴碰撞合并，但存在的主要问题是成本较高和操作复杂。④渣桶法：用渣桶作为沉淀池为常用的降低废渣含铜的一种最简便的方法，其关键是保持桶内炉渣温度，回收桶底富集的部分渣或渣皮再处理，利用渣的潜热来实现铜的沉降和晶体粗化。⑤熔盐提取：利用铜在渣中与铜锍中的分配系数差异，以液态铜锍为提取相使其与含铜炉渣充分接触，从而提取溶解和夹杂在渣中的铜，该方法用于处理哈萨克斯坦的瓦纽科夫法产生的炉渣取得较好的效果，此外最近熔盐提取出现了直流电极还原和电泳富集等方法。

2.炉渣选矿

利用金属赋存相表面亲水、亲油性质及磁学性质的差别，通过磁选和浮选分离富集。铜渣黏度大，阻碍铜相晶粒的迁移聚集使晶粒细小，造成铜相中硫化铜的含量下降，使铜选矿困难。①浮选法：从富氧闪速熔炼渣和转炉渣中浮选回收铜在工业上已广泛应用，浮选法铜收率高且能耗低，将 Fe_3O_4 等杂质除去可降低吹炼过程石英消耗，回收率达90%以上，尾渣含铜0.3%～0.5%。②磁选法：铜渣中强磁相为铁合金和磁铁矿，钴、镍在铁磁矿物中集中，铜存在于非磁相，世界上多家铜冶炼厂用选矿方法回收转炉渣中的铜。

3.湿法浸出

湿法过程可克服火法贫化过程的高能耗以及产生废气污染的缺点，其分离的良好选择性更适合于处理低品位铜渣。①直接浸出：炼铜炉渣中 Cu、Ni、Co、Zn

等金属的矿物可经氧气氧化而溶于稀硫酸介质中。随着铁的溶解，损失在渣中的铜及占据部分Fe晶格的钴、镍等被释放出来，实践中采用0.7mol/L硫酸在氧压0.59 MPa及130℃条件下单段浸出转炉渣，铜浸出率达92%，镍钴浸出率大于95%。②间接浸出：预处理可改性铜渣中的有价金属赋存状态，使其易于分离回收，氯化焙烧和硫酸化焙烧为常用的方法，焙烧产物直接水浸，酸性$FeCl_3$浸出经还原焙烧的闪速炉渣及转炉渣的镍钴浸出率分别达95%和80%。③细菌浸出：细菌浸出能浸溶硫化铜，因其具有一系列优点而快速发展。但细菌浸出的最大缺点是反应速度慢、浸出周期长，通过加入某些金属（如Co、Ag）催化加速细菌氧化反应的速率，使金属阳离子取代矿物表面硫化矿晶格中原有的Cu^{2+}、Fe^{3+}等离子以增加硫化矿的导电性，从而加快了硫化矿的电化学氧化反应速率。

4.用于水泥和建筑行业

炼铜炉渣水淬后是一种黑色、致密、坚硬、耐磨的玻璃相。密度为$3.3 \sim 4.5 g/cm^3$，孔隙率50%左右，细度$3.37 \sim 4.52$，属粗砂型渣。

5.铜渣的选择性析出

炉渣的选择性析出是利用炉渣的高温热能，通过合理控制温度、添加剂、流体的运动行为改变渣的组成和结构，从而实现渣中有价组分的回收和资源化，已成功应用于含钛高炉渣、硼铁矿等复杂矿物的处理。向含铜熔渣加入还原剂首先降低渣的黏度促进铜的沉降，待铜沉降到一定程度后使渣迅速氧化，提高磁性氧化铁的含量，缓冷粗大晶粒，磁选分离含铁组分，实现铜渣中残余铜的含量从5%降低到0.5%以下，渣中Fe_3O_4含量从26.8%提高到50%以上。

6.铜冶炼高砷物料中砷的脱除与固化—稳定化技术

砷在铜精矿中主要以硫化物形式存在，如硫砷铜矿、砷黝铜矿、黝铜矿、含砷黄铁矿、砷黄铁矿、雄黄和雌黄等。在铜火法冶炼中，砷分散分布于烟尘、炉渣、铜锍或粗铜中，其行为与原料成分、冶炼工艺及技术条件等相关，十分复杂，但其最终出口主要有以下几处（以奥图泰闪速富氧熔炼为例）：熔炼炉渣（电炉渣），占进入系统总砷量的30%，如果直接外销，这部分砷将开路，如果对电炉渣进一步选矿处理，这部分砷将大部分（约80%）随渣精矿返回熔炼系统；吹炼白烟尘，占进入系统总砷量的10%，在火法炼铜各类烟尘中，白烟尘含砷最高，达15%左右，且含有其他有价金属，因此大部分企业都将其单独或外销处理以便从系统中开路部分砷；熔炼和吹炼SO_2烟气净化污酸，所含砷量占进入系统总砷量的40%左右，一般企业将其硫化沉淀，得到硫化砷渣，再进一步湿法处理生产白砷产品或返回配料或外销；粗铜，所含砷占进入系统砷总量的20%左右，在电解精炼溶液净化中，砷大部分进入黑铜板或黑铜粉返回系统。随着铜精矿砷含量的升高，产生了两方面的问题：第一是系统中砷开路不足，形成累积导致硫酸及电解铜生产受到不利影响。一般是将含砷较高的物料，如白烟尘、黑铜粉和硫化砷渣等，从系统中开路出来，单独处理。

7.铜冶炼高砷物料中砷的脱除与稳定化

在火法炼铜中，砷从废气、废水途径的排放，通过采用严格的环保控制措施，均能实现达标，目前至少技术上已无问题。存在的问题是随着优质铜资源的减少，复杂、低品位铜矿的开发，随铜精矿带入冶炼厂的砷量日益增大，而安全稳定的砷开路出口仅有电炉贫化后水淬熔炼渣，或熔炼及吹炼渣选矿尾矿，对多数炼铜厂而言，会造成砷开路不足而在系统中累积，影响生产、环保和卫生。前已述及，在铜资源日趋紧张的情况下，炉渣选矿已成为从铜冶炼渣中回收铜的主流技术，在我国得到普遍应用。在炉渣选矿的情况下，炉渣中的砷约80%进入渣精矿返回熔炼，选矿尾矿中仅能开路进入系统总砷量的约6%（30%×20%），这将使砷在系统内循环累积的问题更为凸显。因此，从硫化砷渣、高砷烟尘或黑铜粉等火法炼铜高砷物料中将砷脱除开路，然后将铜等有价金属回收返回系统，已成为发展趋势，目前在国内外很多原料含砷较高的炼铜厂，正是通过这一技术措施解决了砷累积的问题。仍存在的问题在于，砷属剧毒、致癌和"过剩"元素，冶炼回收的砷远远超过其应用所需，因此大部分的砷只能固化后堆存，而这一问题目前在我国仍未很好解决。

我国是世界上最大的矿铜冶炼生产国。目前，仅有部分砷转化为白砷产品。对铜冶炼高砷物料中砷的脱除与固化‑稳定化，虽然有一些研究，但在工业应用上还未起步，应引起重视并尽快付诸行动，为砷的减排和污染防治奠定坚实基础。

（六）铅渣处理与资源化技术

炼铅炉渣中含有0.5%～5%的铅、4%～20%的锌，既污染环境也浪费金属资源，其中的锌、铟可以氧化物烟尘的形式回收后送湿法炼锌厂，铅进入浸出渣返回炼铅，高温熔渣含有大量的湿热，可以蒸汽的形式部分回收。炼铅炉渣可用回转窑、电炉和烟化炉等火法冶金设备进行处理。

1.回转窑烟化

回转窑烟化法即Waeltz法，主要用于处理低锌氧化矿、采矿废石及湿法炼锌厂的浸出渣和铅鼓风炉的高锌炉渣。将物料与焦粉混合，在长回转窑中加热，使铅、锌、铟、锗等有价金属还原挥发，呈氧化物形态回收。

回转窑处理铅水淬渣以渣含锌大于8%为宜，低于8%时则锌的回收率小于80%，且产出的氧化锌质量差。水淬渣与焦粉比例一般为100∶35~100∶45，窑内焦粉燃烧所需空气靠排风机造成的炉内负压吸入供给以及窑头导入压缩空气和高压风，喷吹炉料强化反应以延长反应带使锌铅充分挥发。炉料中焦粉燃烧发热不够时，需补充煤气或重油供热。窑内气氛为氧化性气氛，常控制烟气中含CO 20%左右、O_2大于5%。

2.电热烟化

电热烟化法是在电炉内往熔渣中加入焦炭使ZnO还原成金属挥发，随后锌蒸气冷凝成金属锌，部分铜进入铜锍中回收。此法1942年最先在美国Herculaneum炼铅厂采用。

铅鼓风炉渣以液态加入1650kVA电炉内加焦炭还原蒸馏，蒸馏气体含锌50%，进入飞溅冷凝器中冷凝产出液态金属锌。电热蒸馏炉是矩形电炉，通常有6根电极，炉底、炉壁为炭砖，炉壁下部设水套，飞溅冷凝器内设石墨转子。冷凝得到的粗锌（91.6% Zn、6.2% Pb）送熔析炉降温分离铅后得到蒸馏锌（98.7% Zn、1.1% Pb）。熔析分离产出的粗铅与还原炉产出的粗铅送去电解精炼，电炉蒸馏后产出的炉渣含锌降至5%、铅降至0.3%。

3.烟化炉烟化

将含有粉煤的空气以一定的压力通过特殊的风口鼓入烟化炉液体炉渣中，使化合态或游离态ZnO和PbO还原成铅锌蒸气，遇风口吸入的空气再度氧化成ZnO和PbO，在收尘设备中以烟尘形态被收集。这种方法具有金属回收率高、生产能力大、可用廉价的煤作为发热剂和还原剂，且耗量低、过程易于控制、余热利用率高等优点，目前广泛应用于炼铅炉渣的处理。

回转窑烟化、电热烟化及烟化炉烟化等处理方法存在许多问题，如银和铅进入窑渣难以回收，稀散金属分散不利于回收；铁导致渣量大且资源无法回收；回转窑挥发存在能耗高、烟尘无组织排放严重、银全部损失、弃渣未无害化等严重不足，这就迫切需要开发铅锌渣有价金属和铁资源清洁高效回收技术。

4.澳斯麦特顶吹熔池熔炼处理铅锌冶炼渣新技术

借鉴澳斯麦特技术研发出了浸没熔池熔炼处理铅锌渣新技术。澳斯麦特顶吹熔池熔炼处理铅锌冶炼渣新技术烟化回收稀贵金属，回收率高；熔池炼铁回收铁资源，已开发Auslron；终渣稳定化防止污染环境。而且新技术具有原料适应性强，备料简单，燃料和还原剂多样，可严格控制反应气氛，环保控制技术世界领先，占地面积小，冶炼效率高的优点，已在韩国温山长期稳定运行。

5.高铁含铅工业固废清洁处理与资源利用技术

我国有色金属资源基地内有色金属冶炼每年产生大量高铁、含铅工业固体废物。针对现行高铁、含铅工业固废处理存在金属回收率低、SO_2及铅尘污染严重、资源很难得到回收利用等缺点，中南大学对有色冶炼高铁、含铅固废清洁处理与资源回收关键技术进行了研发与攻关。开发了典型高铁、含铅工业固体废物同时强化还原造锍熔炼技术、固废资源全量利用技术和熔炼过程炉渣、铁锍成分控制技术；研发了低碳、高效强化熔池熔炼炉关键装置，形成具备行业推广前景的有色冶炼高铁、含铅工业固废清洁处理与资源利用技术体系，并建立了4万t/a高铁、含铅固废资源综合利用示范工程。

（七）锌浸出渣无害化处理技术

湿法炼锌无论采用哪种工艺，最终都会产出相当数量的浸出渣。这些浸出渣颗粒细小并含有一定量的锌、铅、铜、铟及金、银等伴生有价元素。为了综合利用浸出渣，减少环境污染同时充分有效地利用二次资源，国内外学者做了大量的研究，提出了一系列的方法，归纳起来可分为湿法工艺和火法工艺。

1.湿法工艺

（1）热酸浸出黄钾铁矾法

热酸浸出黄钾铁矾法于1986年开始应用于工业生产。我国于1985年首先在柳州市有色冶炼总厂应用，1992年西北铅锌厂采用该法生产电锌，其设计规模为年产电锌10万t。热酸浸出黄钾铁矾法是基于浸出渣中铁酸锌和残留的硫化锌等在高温高酸条件下溶解，得到硫酸锌溶液沉矾除铁后返回原浸出流程，其流程包括五个过程，即中性浸出、热酸浸出、预中和、沉矾和矾渣的酸洗，比常规浸出法增加了热酸浸出、沉矾和铁矾渣酸洗等过程，可使锌的浸出率提高到97%，不需要再建浸出渣处理设施。该法沉铁的特点：既能利用高温高酸浸出溶解中性浸出渣中的铁酸锌，又能使溶出的铁以铁矾晶体形态从溶液中沉淀分离出来。渣处理工艺流程短，投资少，能耗低，生产环境好，但渣量大，渣含铁仅30%左右，难以利用，堆存时其中可溶重金属会污染环境。

（2）热酸浸出赤铁矿法

热酸浸出赤铁矿法由日本同和矿业公司发明，1972年在饭岛炼锌厂采用。

该法沉铁是在200℃的高压釜中进行，浸出渣中的Fe^{3+}生成Fe_2O_3沉淀，渣含铁高达58%~60%，可作炼铁原料，副产品一段石膏作水泥，二段石膏作为回收镓、铟等的原料，因此，该法综合利用最好，不需渣场，从而消除了渣的污染和占地。但热酸浸出赤铁矿法浸出和沉铁在高压下进行，所用设备昂贵，操作费用高。

（3）针铁矿法

热酸浸出针铁矿法沉铁浸出工艺是法国Vieille-Montagne公司研究成功并于1970年开始应用于工业生产的。热酸浸出针铁矿法处理浸出渣的流程包括中性浸出、热酸浸出、超热酸浸出、还原、预中和、沉铁等六个过程，可使锌的浸出率提高到97%以上。针铁矿法的沉铁过程采用空气或氧气作氧化剂，将二价铁离子逐步氧化为三价，然后以FeOOH形态沉淀下来。溶液中的砷、锑、氟可大量随铁渣沉淀而开路，因而中浸上清液的质量稳定良好。针铁矿法比黄钾铁矾法的产渣率小，渣含铁较高，便于处置。

（4）热酸浸出法后利用石灰和煤灰渣处理锌浸出弃渣

热酸浸出法浸出的弃渣是湿法炼锌所产生的固体废物，渣中含有大量的重金属离子。目前一般是填埋处置。为了防止浸出渣中有害物质的溶出对环境造成污染，浸出渣应先进行无害化处理，然后再做最终处置。无害化处理的方法很多，通过用石灰、煤灰渣处理含锌浸出渣，该方法不仅简单，易于操作，而且处理效果较好，处理后的浸出渣达到国家所规定的控制标准。某单位使用石灰、煤灰渣成功处理锌含量为21.43%、镉含量为0.178%的锌浸出渣，其工艺过程是：备料—混合—成型浸出渣。浸出废渣风干过100目筛，石灰、煤灰渣分别粉碎后过40目筛，浸出渣、石灰、煤灰渣以一定的配比投入到原料混合机中，经搅拌混合均匀，然后通过出料装置成型，再将成型的坯体养护，使之形成具有一定强度的固化产品，然后送往处置场进行处置。

（5）富氧直接浸出搭配处理锌浸出渣

常压富氧直接浸出工艺由奥国泰公司开发，该工艺是在氧压浸出基础上发展起来的，避免了氧压浸出高压釜设备制作要求高、操作控制难度大等问题，但同样达到了浸出回收率高的目的。株洲冶炼集团股份有限公司采用引进奥国泰公司硫化锌精矿常压富氧直接浸出技术搭配处理浸出渣，同时综合回收铟，沉铟渣送铟回收工段，硫渣与浮选尾矿压滤后送冶炼系统处理。整个工艺过程中大幅消减SO_2烟气排放量，锌的总回收率达到97%、铟回收率达到85%以上；沉铁渣的品位达40%左右，提高了资源综合利用率；能耗明显降低，达到了综合回收有价金属的目的，同时治理环境，解决了锌浸出渣的污染问题。

（6）基于铁酸锌选择性还原的锌浸出渣处理技术

锌冶炼过程中铁酸锌的生成导致后续沉铁工艺复杂，渣量大，造成资源浪费和环境污染。针对这一问题，提出一种在CO/CO_2弱还原气氛下，将铁酸锌选择性分解为氧化锌和四氧化三铁的锌浸出渣处理方法，焙烧产物可通过酸浸和磁选实现铁锌分离和回收。这一选择性还原焙烧方法使锌浸出渣量降低30%，同时实现了锌、铁的资源化，具有较高的经济和环境效益。

2.火法工艺

（1）回转窑挥发法

回转窑挥发法是我国处理锌浸出渣所使用的典型方法，该法是将干燥的锌浸出渣配以50%左右的焦粉加入回转窑中，在1100～1300℃高温下实现浸出渣中Zn的还原挥发，然后以氧化锌粉回收，同时在烟尘中可回收Pb、Cd、In、Ge、Ga等有价金属。Zn的挥发率为90%～95%，浸出渣中的Fe、SiO_2和杂质约90%进入窑渣，稀散金属部分富集于氧化锌中利于回收，窑渣无害，易于弃置也可以加以利用。但该工艺存在窑壁黏结造成窑龄短、耐火材料消耗大、设备投资和维修费用高、工作环境差、能耗高等缺点。

（2）矮鼓风炉处理浸出渣

我国鸡街冶炼厂采用矮鼓风炉处理湿法炼锌浸出渣。锌浸出渣经过干燥，根据其化学成分，选择合适的渣型，配入一定的还原剂、熔剂和黏合剂，经制成具有一定规格和强度的团块后，与一定量的焦炭一起加入矮鼓风炉中在1050～1150℃进行还原熔炼。在熔炼过程中，铁将被还原。为了避免炉底积铁，通过风口鼓风将还原出来的铁再次氧化，使其进入渣中而排出炉外。该厂用矮鼓风炉处理浸出渣的主要技术经济指标为：锌回收率为90%，铅回收率为95%，渣含锌小于2%，每吨氧化锌粉耗焦700kg、耗粉煤112t、炉床能率为25t/（$m^2 \cdot d$）。该法具有操作简单，处理能力强，对原料适应性强等特点，而且投资少，适合企业中小型炼锌使用。

（3）漩涡炉熔炼法

漩涡炉熔炼是通过沿炉子切线方向送入高速风在炉内产生高速气流，当炉内有燃料燃烧时，则为灼热气流。高速灼热气流与具有巨大反应表面的细小颗粒作用，加速传热和传质，强化工艺过程。由切线风口向送入的高速气流在炉内形成强烈旋转的涡流，炉料在高速旋转气流形成的离心力作用下被抛到炉壁上进行燃烧、熔化和易挥发组分的挥发，依靠碳和必要时添加的辅助燃料的燃烧，炉内温度可达1300～1400℃，炉料中的金属锌、铅、锗、铟等挥发进入炉气，最终以氧化锌状态回收，未挥发的熔体从炉壁上连续经隔膜口落入沉淀池。漩涡炉处理锌浸出渣，浸出渣与焦粉混合料中含碳必须大于30%，温度高于1300℃，才能确保渣含锌小于2%。漩涡炉熔炼法处理浸锌渣具有金属挥发全面、渣中有价金属含量低、余热能充分有效利用、设备寿命较长、生产过程连续稳定、经济效益好等优点。其缺点是对资源和能源的要求较高、原料制备复杂、生产流程长、产出的烟尘再处理难度大。

（4）澳斯麦特技术处理锌浸出渣

澳斯麦特技术是近年来发展起来的强化熔池熔炼技术，该熔炼技术在各种有色金属冶炼、钢铁冶炼及冶炼残渣回收处理生产应用方面都曾涉足。利用澳斯麦特技术处理锌浸出渣最成功的工业化应用范例是韩国锌公司温山冶炼厂。该厂于1995年8月采用澳斯麦特技术处理锌渣，产出无害弃渣，而且将各种有价金属回收在产出的氧化烟尘中。澳斯麦特技术具有设备简单、对炉料要求低、占地面积小、各种有价元素回收率高、能耗低等优点，但是对于含砷较高的物料，澳斯麦特炉产出的烟灰含砷较高，会污染环境，而且高砷物料的处理难度也很大，还会影响锌系统的正常生产，并且给氧化锌烟灰中稀散金属的回收带来困难。

（5）烟化炉连续吹炼工艺

烟化炉吹炼处理湿法炼锌过程中产生浸锌渣工艺的实质是还原挥发过程，与回转窑挥发工艺原理基本相同，不同的是烟化法是在熔融状态下进行，而回转窑挥发工艺是在固态下还原挥发锌。烟化炉挥发工艺过程是将浸锌渣、粉煤或其他还原剂与空气混合后鼓入烟化炉内，粉煤燃烧产生大量的热和一氧化碳，使炉内保持较高的温度和一定的还原气氛，渣中的金属氧化物被还原成金属蒸气挥发，并且在炉子的上部空间再次被炉内的一氧化碳或从三次风口吸入的空气所氧化。炉渣中锗、铟等金属氧化物以烟尘形式随烟气一起进入收尘系统收集。该工艺的优点是缩短了工艺流程，能耗较低，劳动环境得到改善，加工成本降低。但其缺点是锌渣烟化炉连续吹炼全过程在原料粒度一定、含水稳定、给料均衡的情况下，将微机在线检测变为微机自动控制是可行的，但要实现其稳定运行，还需进一步深入研究。

（6）基夫赛特工艺搭配处理锌浸出渣

基夫赛特法技术特点是作业连续，氧化脱硫和还原在一座炉内连续完成；原料适应性强；烟尘率低（5%～7%）；烟气SO_2浓度高（＞30%），可直接制酸；能耗低；炉子寿命长，炉寿可达3年，维修费用省。其主要缺点是原料准备复杂（如需干燥至含水1%以下），一次性投入较高。根据基夫赛特原料适应性强的特点，将铅精矿与湿法炼锌浸出渣搭配冶炼，不仅可以实现铅冶炼技术及装备的全面升级，而且有望解决回转窑和铅鼓风炉排放的低浓度SO_2烟气问题，以及与铅锌联合企业循环经济建设中锌精矿直接浸出所产出的渣料（硫渣、高酸浸出渣）的综合处理问题，形成先进的直接铅冶炼湿法炼锌浸出渣处理配套技术。

国内自主开发的富氧低吹一鼓风还原工艺（SKS法）虽然解决了低浓度SO_2污染问题，但仍然存在能耗高、气型重金属污染问题。与此同时，锌生产系统产出大量含有价金属的铅锌渣料，传统回转窑处理工艺金属回收率低、污染严重；而且大量窑渣堆存，造成资源浪费和环境污染。该技术围绕重金属固体废物全过程污染控制和资源化高效利用，通过引进和再创新研究原料适应性强的基夫赛特直接炼铅技术，突破基于搭配浸锌渣为原料的铅闪速熔炼微观场调控下炉结抑制与消除、氧位－硫位控制有价金属定向分离等关键技术，创建搭配铅锌渣料闪速熔炼直接炼铅新工艺，取代传统的"烧结机一鼓风炉"炼铅系统。以株冶集团为依托，建设年产10万t粗铅的直接炼铅生产系统，同时搭配处理10万t/a以上含铅锌渣料，实现铅冶炼高效清洁生产的同时实现锌生产系统铅锌渣料资源化。

韩国锌业公司温山冶炼厂为建成一座"绿色"工厂，曾对渣处理流程做过多方案的比较和改进。其原则是消除浸出渣的堆场，使未来不可知责任最小化，而不是公司当前利益的最大化，其目标是研究一种与铅渣烟化炉相同的化学反应过程，实现连续化操作的锌渣处理工艺，渣烟化的连续化过程有利于含硫烟气的后续处理，也有利于操作管理。在澳大利亚进行试验后，于1995年建成两段澳斯麦特炉处理炼锌厂残渣，投产初期遇到了许多机械问题，经过一段时间的设计修改取得了很好的效果，证明两段连续烟化炉处理锌浸出渣或铅锌冶炼过程残渣，产出无污染可利用的废渣是一个比较好的方法。该项目的正常生产逐步消除了该厂生产过程产出的铁矿渣和堆存的铁矾渣。烟化炉放出的渣经水淬后出售给水泥厂，从而真正地实现了"无弃渣锌冶炼厂"的初衷。温山锌冶炼厂澳斯麦特渣处理工艺，设计能力为12万 t/a（干基）浸出渣。含水25%浸出渣与粒煤（5~20mm）、石英溶剂经配料、混合后加入第一段澳斯麦熔炼炉。熔炼炉顶部喷枪送入富氧空气、粉煤，二次燃烧空气进行浸没熔炼，产出的含锌氧化物烟尘和SO2烟气经沉降室余热锅炉降温，电收尘机除尘后，尾气含有SO21%左右，通过氧化锌吸收后排空。沉降室收集的粗尘返回熔炼炉，余热锅炉和电收尘器收集的混合氧化物作为尾气洗涤吸收剂，经洗涤产出的亚硫酸锌矿浆回炼锌厂回收锌和硫酸。熔炼炉下部排渣口将熔融渣送往第二段澳斯麦特炉进一步贫化，第二段设有单独的烟气处理系统，由于第二段炉的烟气不含 SO_2，所以无尾气吸收装置。烟气经沉降室、热回收降温至200℃，再经布袋收尘器除尘后直接排放，二段炉的氧化锌烟尘送浸出厂。二段炉设有放渣口和底部放出口，废渣由放渣口排出后水淬外售，铜锍由底部放出口间断排放，送铜厂处理。熔炼炉操作温度1270℃，贫化炉操作温度为1300~1320℃。该厂1995年初产遇到的主要问题是：由于喷溅造成上升烟道的堵塞，喷枪下部寿命短；耐火材料过度损坏。经温山冶炼厂不断改进已取得了很好的效果。生产实践数据为：锌回收率86%，铅回收率91%，银回收率88%（其中，71.5%进入氧化锌烟尘，其余进入铜锍）。废渣含锌小于3%，含铅小于0.3%，铜、锑以黄渣形式得以回收。

（八）硫渣资源化技术

硫渣中硫黄的回收方法主要包括物理法和化学法，物理法包括高压倾析法、浮选法、热过滤法、制粒筛分法、真空蒸馏法等，化学法包括有机试剂溶解和无机试剂溶解等方法。物理法利用硫的熔点、沸点、黏度等物理性质回收硫。

高压倾析法用高压釜加热含硫物料，熔融态的元素硫沉积，排出冷却的含硫量高的硫黄产品，但该法获得的硫黄产品品位不高。热过滤法将物料加热、过滤，使硫与其他固体物料分离，该法应用非常广泛，但一般要求含硫量大于85%。浮选法工艺简单，成本低，但硫渣硫黄品位低，一般只能起到富集硫的作用。真空蒸馏法蒸馏效果受蒸馏温度影响很大，但产品纯度很高，很少有"三废"产生，介质可循环使用，绿色环保，但成本高、设备复杂。制粒筛分法是将含硫物料加热、骤冷，元素硫形成硫粒筛分回收，工艺上较难掌握，硫黄品位不高。

化学法用溶剂从含硫物料中溶解硫，再提取得硫黄产品。由于硫在四氯乙烯、煤油和二甲苯中的溶解度均随温度升高而快速增加，可通过高温溶解—低温结晶方法提取硫渣中的硫黄，回收率高，产品纯度高，但有机溶剂有毒、易挥发、易爆，脱硫渣中残留有机溶剂。无机溶剂主要采用（NH$_4$）$_2$S与单质硫形成多硫化物而与其他杂质分离，多硫化物进一步加热分解可生成单质硫沉淀，氨气和硫化氢气体收集循环使用。此法物料范围广，浸出速率快，反应易控制，但由于（NH$_4$）$_2$S能溶解金属硫化物，使产品纯度不高，且操作环境差。锌精矿常压富氧直浸工艺产生的硫渣除含大量单质硫黄外，还含贵金属Ag等，可从中提取硫黄，还可富集贵重金属。热滤法是一种较经济和实用的硫黄回收方法，但热滤法对原料中单质硫含量有一定要求，需在85%以上。

（九）铜镉渣处理与资源化技术

根据分离过程中各金属的物理化学性质及其回收工艺流程的不同，从铜镉渣中提取分离回收金属成分有火法贫化、湿法分离及炉渣选矿等方法。火法工艺历史较久，工艺成熟，但能耗高，需要价格较高的冶炼焦及庞杂的回收炉灰和净化气体设备，生产过程中常产生腐蚀性氯气，对设备的要求较高，近年来较少采用；而湿法工艺能耗相对较低，生产易于自动化和机械化，对于品位低、规模小的含镉物料，生产成本低，工艺过程相对简单。浸出-净化-置换-电积联合法生产工艺是国内回收铜镉渣最主要的工艺，此工艺主要包括浸出、压滤、除铁、一次净化、二次净化、电解精炼等工序；另一种是浸出-净化-萃取-反萃工艺，萃取分离能达到高效提纯和分离的目的，同时，萃取剂能够循环重复利用，具有很好的经济效益。

湿法工艺也分为酸法和氨法工艺，两者各有特色。目前我国湿法炼锌工艺大多采用酸法路线，因氨浸工艺路线得到的锌-氨溶液难与现有炼锌系统衔接，所以铜镉渣氨浸工艺未得到广泛采用。目前，国内部分大型锌冶炼厂对铜镉渣等含镉料渣只进行粗分离。如来宾冶炼厂首先将锌、镉进行浸出，浸出后滤液送镉回收工序生产粗镉，未浸出的铜渣直接售出。铜渣中还含有约3%镉和20%锌，对后续铜的回收带来不利影响。还有厂家将铜镉渣送入回转窑进行预处理，镉挥发进入氧化锌烟尘。烟尘浸出时镉又重新溶解，镉在此过程中并未得到回收，只是在系统内循环，重复耗酸和锌粉，生产成本增加。

近年来，研究人员围绕铜镉渣等含镉料渣中有价金属回收工艺进行了诸多研究，但研究内容大多集中在对常规的浸出—净化—置换工艺进行调整和改进。廖贻鹏等提出了一种从铜镉渣中回收镉的方法，主要流程包括硫酸浸出—净化除铜—氧化除铁—锌粉置换等最后得到海绵镉、镉锭；曹亮发等公开了一种从海绵镉直接提纯镉的方法，其工艺过程包括铜镉渣酸性浸出及沉矾除杂、锌粉置换的一次海绵镉直接生产镉锭、海绵镉压团熔铸、粗镉蒸馏精炼等工序，省去了一次海绵镉的堆存场地，缩短了镉提炼的工艺流程和生产周期，节省了二次置换所需的锌粉。锌粉的消耗量降低45%以上。

北京矿冶研究总院的邹小平等对驰宏锌锗的铜镉渣现有酸浸—置换—电积镉工艺加以改进，将原有流程产出的镉绵通过火法工艺经粗炼和真空精炼生产高纯精镉，实现镉品位由50%～60%提高到80%以上，镉绵经压团熔炼后直接进行连续精馏，取消间断熔炼工序和电积，实现精镉生产的连续化作业；韶关冶炼厂的袁贵有研究了酸浸—铜镉渣中和—锌粉除铜法处理铜镉渣的工艺，工艺条件优化后，镉直收率达到88%；石启英等研究了湿法炼锌中铜镉渣的酸浸和铜渣的酸洗过程对系统杂质氯的脱除效应，研究发现，用铜渣的酸洗液、锌电解废液及各种过程洗涤水配制成始酸为80～100g/L的前液，蒸汽加热到60℃以上，对湿法炼锌中的一次净化渣即铜镉渣进行浸出，并将终酸控制在10g/L以上，回收锌和镉，所得的铜渣在50～60℃的条件下，用锌废液对其中的锌和镉进行再浸出，可达到最大限度地提高铜渣中铜的品位并具备铜渣除氯的条件；商洛冶炼厂对铜镉渣的处理采用锌电解废液或硫酸浸出其中的锌、镉。当浸出达到终点时控制液体的酸度2～4g/L，然后加入锰粉将Fe^{2+}氧化成Fe^{3+}，再加入石灰乳中和溶液pH到5.2～5.4，借助铁的水解沉淀除去砷、锑等杂质，澄清压滤液固分离。滤液送镉回收工序，而固体铜渣用来回收铜。铜渣中还有3%以上的镉和20%左右的锌，为了解决此问题，在不影响提镉的前提下，该厂技术人员采用烟尘代替石灰乳中和溶液，取得了较好的效果；株冶集团针对目前镉生产工艺处理能力日趋饱和、溶液中锌含量高、操作困难、浸出液铁含量高、有害杂质内部循环、锌粉质量差、镉绵杂质含量高、镉电解困难等问题，对现有镉生产工艺进行了改进。改进后的工艺增加了一个铜镉渣过滤工序，从而降低了镉工段处理量，降低了镉生产溶液中锌的含量，使得后续工序的技术条件易于控制。

此外，近年来还有研究人员提出了加压酸浸法、微生物浸矿法、流化床电极等技术方法，以进一步改善铜镉渣处理效果。但加压酸浸法在高温高压下进行，对设备的要求较高，不利于工业化的广泛应用；微生物浸矿法等则难以与现有铜镉渣处理体系衔接；流化床电极法电流效率低、能耗高、铜镉深度分离困难，工程化实现困难等。

总体来看，现有含镉料渣的处理工艺存在流程复杂、处理周期长、所需要的化学原料种类和设备多、中间副产二次物料多、锌粉消耗量大，生产流程中累积的金属锌多，且只能生产出铜、锌、镉等粗级产品等缺点，尤其是现有处理工艺存在镉浸出率、回收率低、镉在处理回收过程中易分散流失等问题，更是目前含镉物料处理技术急需突破的瓶颈问题。

（十）镁还原渣的综合利用

热法炼镁，每吨产品将产生6.5t固体废渣，导致生产过程及清渣运输过程中粉尘污染严重，且堆积占地，造成二次污染。镁渣自身具有很高的水化活性，可生成水化硅酸钙凝胶。因此，不仅可以利用镁渣作为胶凝材料，也可用于制备矿化剂、墙体材料、脱硫剂等产品，代替部分矿渣生产水泥，研究生产农业肥料等。

1.利用镁渣制作新型墙体材料

国内已有研究报道将镁渣直接与磨细的矿渣，按照一定比例混合，添加复合激发剂，配制胶结料。利用镁渣生产墙体材料的工艺简单、成本低廉、节省能源，并且胶结材料具有良好的胶凝性能，制成的墙体材料密度小、强度高、耐久性好，产品质量符合相关标准。大部分企业只是单一地应用镁渣材料制砖，其实还可以在镁渣中掺入一定量的轻骨料，制作轻质保温、隔热墙体材料或制成屋面材料。

2.利用金属镁渣制作矿化剂

镁渣是近年来开发的新型矿化剂，经过1200℃左右的高温煅烧后的镁渣，具有一定的化学活性，能够降低晶体的成核势能，诱导晶体，加速矿物的转化及形成，减少了从生料到熟料的热耗。因此，可以试烧不同镁渣配比下的生料，研究熟料抗拉、抗压强度较高的配方。有研究表明：生料中加入10%左右的镁渣，煅烧时可以起到良好的矿化效果。镁渣与萤石价格悬殊，利用镁渣代替部分萤石作矿化剂对降低生产成本，提高经济效益的作用十分显著。

3.利用镁渣生产建筑水泥

镁渣可以替代部分矿渣生产混合水泥混合材，生产出的水泥质量较稳定，但是随着镁渣掺入量的增加，水泥早期强度有降低的趋势，凝结时间延长。因此当镁渣用作水泥生产的混合材时，应该满足国家标准的相关技术要求。

生产砌筑水泥：砌筑水泥是由一种或一种以上的活性混合材料或具有水硬性的工业废料为主要原料，加入适量的硅酸盐水泥熟料和石膏，经磨细制成的水硬性胶凝材料。这种水泥强度较低，不能用于钢筋混凝土或结构混凝土，主要用于工业与民用建筑的砌筑和抹面砂浆、垫层混凝土等。研究表明：镁渣的活性高于矿渣，易磨性比矿渣和熟料要好，利用炼镁废渣生产砌筑水泥，可以明显地提高水泥的活性，增加产量，降低水泥的生产能耗。

生产复合硅酸盐水泥：水泥中混合料总掺加量按质量百分比应大于20%，不超过50%。利用镁渣生产复合硅酸盐水泥的原理是在水泥生料中加入炼镁废渣，煅烧成硅酸盐水泥熟料后，再加入适量镁渣等掺料，磨细制得复合水泥（MgO质量分数约为4.0%）。需要注意的是利用镁渣生产复合硅酸盐水泥，掺量范围应满足水泥中方镁石含量的限制要求。

4.利用金属镁渣和粉煤灰为主要原料生产加气混凝土

镁渣属钙质材料，粉煤灰属硅质材料，均属于固体工业废渣，性能互补，在水热合成和激发的条件下，其活性可以激发出来，用以生产硅酸盐混凝土，在水化过程中可以抵消部分体积不稳定引起的变形。因此加气混凝土生产工艺和还原渣综合治理结合是镁生产厂家处理工业废渣、改善环境的理想方案之一。加气混凝土生产所用原材料为粉煤灰、还原渣、硫酸钙、铝粉和气泡稳定剂等，经大量实验分析，CaO/SiO_2质量比、硫酸钙的掺量是主要影响因素。配合比范围为粉煤灰60%～71%；还原渣25%～35%；硫酸钙2%～5%；铝粉0.04%～0.06%；气泡稳定剂0.01%～0.2%。

5.镁渣应用于混凝土膨胀剂

镁渣颗粒粗以及CaO和MgO含量高是产生膨胀性危害和膨胀滞后性的主要原因；实际生产应用中可以通过磨细粒状渣、掺加其他活性掺和料、充分陈化、添加引气剂、加快出罐冷却速度等方法来减轻镁渣膨胀带来的危害。采用镁渣及其激发剂配制混凝土膨胀剂，单独使用镁渣制备混凝土膨胀剂，水中养护7d的限制膨胀率达不到JC 476—2001标准0.025%的要求，添加激发剂后可以显著提高镁渣的早期膨胀性能，并且各龄期的限制膨胀率及强度均符合混凝土膨胀剂的标准要求。

6.利用镁渣研制环保陶瓷滤料

将镁渣直接磨细与一定比例的磨细成孔剂及天然抗物烧结助剂混合，然后经过成球、干燥，并在隧道窑或梭式窑中于1050～1150℃烧成，得到环保陶瓷滤料。此方法的镁渣利用效率高，且所烧成的陶瓷滤料抗压强度达20MPa，气孔率为37%，耐酸性为99.4%，耐碱性为99.9%，是一种具有广泛应用价值的高品质滤料。

7.镁渣作为路用材料

镁矿渣掺加5%石灰或2%水泥稳定土，完全可以用作高级或者次高级路面的基层，镁矿渣经过球磨机或其他工艺磨碎后，其路用效果会更好，细度应小于0.9mm为宜。镁渣可作为良好的路用材料在于镁矿渣中钙镁的含量很高，且具有比较高的活性，在基层中与土反应，生成不溶性含水硅酸钙与含水铝酸钙，呈凝胶状态或纤维状结晶体，使混合料颗粒之间的联结和黏结力加强，随着龄期的增长，这些水化物日益增多，使镁矿渣混合料基层获得越来越大的抵抗荷载作用的能力。

（十一） 多金属复杂高砷物料脱砷解毒及综合利用技术

砷是铜铅锌等有色金属矿石中的主要伴生元素之一。在冶炼过程中，砷分散到了生产各环节，使得脱砷困难。目前，我国有色行业对多金属复杂高砷物料一直沿用传统的火法和湿法脱砷工艺，脱砷率低，脱砷及实现有价资源的综合利用，已经成为我国有色行业急需解决的共性问题。该技术重点针对多金属复杂高砷物料脱砷难、伴生有价金属综合回收率低等难题，通过攻克高砷多金属复杂料高选择性捕砷剂碱浸脱砷、脱砷液臭葱石沉砷与捕砷剂再生、脱砷后多金属料控电位浸出高效分离铋和铜、高铅料低温熔炼回收贵金属关键技术难题，以期突破含砷物料脱砷及资源综合回收的关键技术。并依托郴州金贵银业股份有限公司建立2000t/a高砷多金属复杂物料处理生产示范，并向全国辐射推广。

（十二） 重金属废渣回收硫化物精矿清洁工艺

重金属废渣毒性大，污染严重。回收渣中的有价金属对延缓矿物资源的枯竭具有重要意义。该技术针对重金属废渣的环境污染和资源浪费问题，以重金属的无害化和资源化为目标，开发出重金属废渣深度硫化—表面诱导—絮凝浮选回收有价金属新技术。通过突破重金属废渣硫化过程强化与促进新技术，提高金属的硫化率；控制金属硫化物的晶形与粒度，提高可浮性；通过表面诱导与絮凝强化实现微细粒人造硫化矿的高效浮选，并对浮选残渣进行毒性评价和无害化处理与处置。依托株冶集团建立了500t/a的重金属废渣硫化–浮选回收金属硫化矿的中试示范。

（十三） 冶炼废水治理污泥的处理与资源化

冶炼废水污泥是指冶炼行业中废水处理后产生的含重金属污泥废物，为列入国家危险废物名单中的第十七类危险废物。废水处理将水中的 Cu、Ni、Cr、Zn、Fe 等重金属转移到污泥中。因此，必须对重金属污泥进行无害化处置和资源化综合利用。

1.冶炼废水重金属污泥的无害化处置

污泥处理与处置的无害化技术是实现污泥资源化利用的前提条件。

（1）固化处理

危险固体废物诸多处理方法中，固化技术是一项重要技术，与其他处理方法相比具有固化材料易得、处理效果好、成本低的优势。固化过程是利用添加剂改变废物的工程特性，如渗透性、可压缩性和强度等。近年来，美国、日本及欧洲一些国家对有毒固体废物普遍采用固化处置，并认为这是一种将危险物转变为非危险物的最终处置方法，所采用的固化材料有水泥、石灰、玻璃和热塑料物质等。其中，水泥固化是国内外最常用的固化方法，对一些重金属的固定非常有效，美国国家环保局确认它对消除一些特种工厂所产生的污泥有较好的效果。

（2）填埋

填埋技术是比较适合中国国情的一项危险废物无害化处置途径，但针对冶炼废水污泥这一类危险废物的填埋技术仍处于较低的水平，对环境的破坏相当严重，特别是对地下水的污染十分突出。危险废物的安全填埋，即在填埋前进行预处理使其稳定化，以减少因毒性或可溶性造成的潜在危险。

2.重金属污泥的资源化利用

由于资源贫化和环境污染的加剧，冶炼废水污泥作为一种重要的重金属资源其回收利用日益受到重视。作为一种廉价的二次资源，采用适当的处理方法，冶炼废水污泥可变废为宝，带来可观的经济效益和环境效益。

（1）回收重金属

浸出－沉淀：冶炼废水污泥进行选择性浸出，使其中的重金属溶出，有酸浸和氨浸两种工艺，目前国际上偏向于采用选择性相对较好的氨浸。沉淀法分离回收浸出液中的重金属工艺简单、应用较为广泛。

电解：一些冶炼厂对污泥进行了电解法处理，将一定量的水和硫酸加入到污泥中，沸腾后静止30min过滤，滤液移至冷冻槽加入理论量$1\sim2.5$倍的硫酸铵使之生成硫酸铬和硫酸铁转变为铁矾，根据铬矾和铁矾在低温（75℃）条件下溶解度的不同而实现铬、铁的分离，可回收90%以上的铬。

氢还原分离：采用湿法氢还原综合回收冶炼废水污泥氨浸产物中的Cu、Ni、Zn等，分离出金属铜粉和镍粉。在弱酸性硫酸铵溶液中，可以获得较好的铜镍分离效果，两种金属粉末的纯度可达到99.5%，铜回收率达99%、镍回收率达98%。该法流程简单、投资少、产品纯度高。

煅烧酸溶法：含铜污泥通过酸溶、煅烧、再酸溶后以铜盐的形式回收，是一种简便可行的方法。在高温煅烧过程中，大部分杂质如Fe、Zn、Al、Ni、Si等转变成溶解缓慢的氧化物，从而使铜分离以$Cu_4(SO_4)H_2O$的形式回收。这种方法不需要添加较多试剂，具有较强的经济性和简便性，但回收得到的铜盐含杂质较多。

（2）铁氧体综合利用技术

铁氧体技术应用铁氧体综合利用处置冶炼废水重金属污泥，并制成合适的工业产品。由于一些冶炼废水污泥是经亚铁絮凝的产物，污泥中含有大量的铁离子，采用适当的无机合成技术可使其变成复合铁氧体，污泥中的铁离子以及其他多种金属离子被束缚在反尖晶石面心立方结构的四氧化三铁晶格中，其晶体结构稳定可避免二次污染。铁氧体法分为干法和湿法两种工艺，湿法工艺可合成铁黑产品，并以铁黑颜料为原料开发黑色醇酸漆和铁黑油性防锈漆等产品。干法可合成性能优良的磁性探伤粉,该工艺简单、成品率高、无二次污染、处理成本低。

(3)生产改性塑料制品

冶炼废水污泥生产改性塑料制品是国内一项独创的新技术,由上海多家科研单位联合开发。其基本原理是采用塑料固化的方法,将冶炼废水污泥作为填充料与废塑料在适当的温度下混炼,经压制或注塑成型等过程制成改性塑料制品。冶炼废水污泥在专用TGZS300型高湿物料干燥机中,经400~600℃高温干燥稳定重金属,冶炼废水污泥与塑料之间属物理混合包裹型固化,经用表面活性剂(如油酸钠)改性处理后提高了污泥的疏水性,接触角达100°左右,与塑料有较好的相容性、充填均匀、机械性能改善。该工艺生产的塑料制品(包含改性、干化后的冶炼废水污泥),重金属的浸出率和塑料制品的机械强度都能达到规定指标。冶炼废水污泥与废塑料联合生产改性塑料制品,既解决了废料的安全处置,又充分利用了废物资源,是变废为宝、综合利用实现废物资源化的重要途径,具有良好的社会和环境效益。

五、有色冶金废水处理与回用

(一)有色冶金废水治理方法概述

冶炼废水的特征是浓度高、波动大,废水中砷、镉、铅、锌等重金属以及有机物等浓度达几至几千毫克每升;组分杂,含有砷、镉、铅、锌、汞等多金属离子以及有机物和油类物质;水量大,企业废水日排放量可达2万t以上。

处理重金属废水的原理是利用各种技术,将污水中的污染物分离去除或将其转化为无害物质,达到净化污水的目的。目前废水处理方法主要有三种:①通过发生化学反应除去废水中重金属离子的方法,包括硫化物沉淀法、中和沉淀法、化学还原法、铁氧体共沉淀法、电化学还原法等;②在不改变其化学形态的条件下使废水中的重金属进行浓缩、吸附、分离的方法,包括溶剂萃取、吸附、离子交换等方法;③废水中重金属借助微生物或植物的絮凝、吸收、积累、富集等作用被去除的方法,包括生物吸附、生物絮凝、植物整治等。

1.化学法处理重金属废水

化学法主要包括化学沉淀法和电解法,适用于含较高浓度重金属离子废水的处理。化学沉淀法的原理是通过化学反应使废水中呈溶解状态的重金属转变为不溶于水的重金属化合物,经过滤和分离使沉淀物从水溶液中去除,包括中和沉淀法、硫化物沉淀法、铁氧体共沉淀法。由于受沉淀剂和环境条件的影响,沉淀法往往出水浓度达不到要求,需作进一步处理,产生的沉淀物必须很好地处理与处置,否则会造成二次污染。

（1）中和沉淀法

中和沉淀法通过加入碱至含有重金属的废水中进行中和反应，生成难溶于水的重金属氢氧化物进一步分离。这是一种操作简单方便的方法，因其只是将污染物转移，很容易造成二次污染。以下几个问题在操作中要注意：①中和沉淀后，若出水pH值高，则排放前需要中和处理；②如果废水中多种重金属共存，如当废水中含有锌、铝等两性金属时，若pH偏高，可能导致沉淀物再溶解，铝则可能有偏铝酸生成；③废水中有些阴离子，与重金属形成配合物可能性很大，故在中和之前需经过预处理；④有些不容易沉淀的小颗粒，需加入絮凝剂辅助生成沉淀；⑤对于低浓度的重金属处理效果较差。

（2）硫化物沉淀法

硫化物沉淀法是将重金属废水pH调节为一定碱性后，再通过向重金属废水中投加硫化钠或硫化钾等硫化物，或者硫化氢气体直接通入废水，使重金属离子同硫离子反应生成难溶的金属硫化物沉淀，然后过滤分离。硫化物沉淀法是废水中溶解性重金属离子用硫化物去除的一种有效方法。与氢氧化物沉淀法相比，硫化物沉淀法可以使金属在相对低的pH条件下（7~9之间）高度分离，形成具有易于脱水和稳定等特点的金属硫化物，一般不需要再中和处理出水。硫化物沉淀法也存在着一些缺点，硫化物沉淀剂在酸性条件下易生成硫化氢气体，产生二次污染，另外颗粒较小的硫化物沉淀易形成胶体，会对沉淀和过滤造成不利影响。

（3）铁氧体法

铁氧体法是向废水中投加铁盐处理重金属废水，通过控制pH、氧化、加热等条件，使重金属离子与铁盐在废水中生成稳定的铁氧体共沉淀物，然后采用固液分离的手段达到去除重金属离子的目的。该法首先是日本NEC公司提出的，用于处理重金属废水及实验室污水，取得了较好的效果。铁氧体共沉淀法一次可去除多种废水中重金属离子，形成大的沉淀颗粒，容易分离，颗粒不返溶，不会产生二次污染，而且形成的是一种优良的半导体材料。但是在操作中需要将温度控制在70℃左右或更高，操作时间长，在空气中慢慢氧化，能量消耗大。

电解法是利用金属离子的电化学性质，使金属离子在电解时能够从相对高浓度的溶液中分离出来。电解法主要用于电镀废水的处理，这种方法的缺点是水中的重金属离子浓度不能降得很低。所以，电解法不适于处理较低浓度的含重金属离子的废水。

2.物理化学法处理重金属废水

物理化学法包括还原法、离子交换法、吸附法和膜分离等。

（1）还原法

还原法是含重金属离子废水和还原剂接触反应，将重金属离子由高价还原至低价的一种废水处理方法。国内外使用的还原剂包括：二氧化硫、硫酸亚铁、亚硫酸氢钠、焦亚硫酸钠、亚硫酸钠、硼氢化钠、铁屑、连二亚硫酸钠等。目前废水处理的预处理方法一般使用还原法。

（2）离子交换法

离子交换法是利用离子交换树脂把废水中的重金属离子交换出来，在重金属离子通过H型离子交换树脂时被H⁺取代，从而除去重金属离子。树脂中可交换的H⁺被消耗离子交换法的处理效率会随之降低，需对树脂进行定期再生，离子交换法占地面积较大，再生废液会大量产生。

离子交换法在离子交换器中进行，此方法借助离子交换剂来完成。在交换器中按要求装有不同类型的交换剂，含重金属的液体通过交换剂时，交换剂上的离子同水中的重金属离子进行交换，达到去除水中重金属离子的目的。这种方法受交换剂品种、产量和成本的影响。几年来，国内外学者就离子交换剂的研制开发展开了大量的研究工作。随着离子交换剂的不断涌现，在电镀废水深度处理、高价金属盐类的回收等方面，离子交换法越来越展现出其优势。

（3）吸附法

吸附法是应用多孔吸附材料吸附处理废水中重金属的一种方法。传统吸附剂有活性炭和硫化煤等。近年来，人们逐渐开发出具有吸附能力的材料，包括泥煤、硅藻土、矿渣、麦饭石、浮石及各种改良型材料。目前废水中普遍采用的是活性炭吸附剂，其吸附能力强，比表面积大。利用活性炭的吸附和还原，可以处理电镀行业和矿山冶炼行业产生的重金属废水，但造价较高。

（4）膜分离法

膜分离技术是在压力作用下利用一种特殊的半透膜，在不改变溶液中离子化学形态的基础上，将溶剂和溶质进行分离或浓缩的方法。膜分离技术可分为电渗析、扩散渗析、反渗透、液膜、纳滤等。膜分离技术目前取得了较好的效果，可达99%以上的处理效率，但在运行中会遇到电极极化、结垢和腐蚀等问题。

电渗析法是在直流电场的作用下，溶液中的带电离子选择性地透过离子交换膜的过程，在电渗析膜装置中同时包含有一个阳离子交换膜和一个阴离子交换膜，在电渗析过程中金属离子通过膜而水仍保留在进料侧，依靠金属离子与膜之间的相互作用实现分离。

液膜是以浓度差或pH差为推动力的膜，界面膜由萃取与反萃取两个步骤构成。液膜过程的膜的两侧界面分别发生萃取与反萃取，从料液相溶质萃入膜相并扩散到膜相另一侧，再被反萃入接收相，由此实现萃取与反萃取的"内耦合"，非平衡传质过程是液膜的特点。

纳滤膜是由一层非对称性结构的高分子与微孔支撑体结合而成的表面，通过膜的物质不是离子而是水，这是纳滤与电渗析显著的不同点。从溶剂中分离高化合价离子和有机分子是纳滤膜的特点，纳滤膜有多孔膜和致密膜两种，多孔膜主要是无机膜，而致密膜主要是聚合物膜，在分离过程中纳滤膜溶质损失少，是一种很好的分离废水的方法。为进一步提高分离精度，还需研究和完善纳滤膜的传质机理。

膜分离由于去除率高，选择性强，用于处理重金属废水，已经受到了人们的广泛重视，并产生了很高的经济效益，因其优点是在常温下操作无相态变化，能耗低、污染小，自动化程度高等。渗透作用的逆过程是反渗透，一般指借助外界压力的作用，溶液中的溶剂透过半透膜而阻留某种或某些溶质的过程。实现反渗透有两个条件：①操作压力必须比溶液的渗透压大；②必须有一种半透膜具有高选择性、高透水性。在处理重金属废水时，反渗透主要是筛分机理和静电排斥的截留机理，因此重金属离子的价态与重金属离子的截留效果有关系。

隔膜电解是以膜隔开电解装置的阳极和阴极而进行电解的方法，实际上是把电渗析与电解组合起来的一种方法。

3.生物法处理重金属废水

（1）微生物处理技术

微生物处理技术主要包括生物絮凝、生物化学等。生物絮凝法是利用微生物或微生物产生的代谢物，进行絮凝沉淀的一种除污方法。微生物絮凝剂是由微生物自身构成的，具有高效絮凝作用的天然高分子物，主要成分是糖蛋白、黏多糖、纤维素和核酸等。由于多数微生物具有一定线性结构，有的表面具有较高电荷或较强的亲水性，能与颗粒通过各种作用相结合，起到很好的絮凝效果。目前开发出具有絮凝作用的微生物有细菌、霉菌、放线菌、酵母菌和藻类等共17种。此外，微生物可以通过遗传工程、驯化或构造出具有特殊功能的菌株。因此微生物絮凝法具有广阔的发展前景。

（2）生物化学法

生物化学法是指通过微生物将可溶性离子转化为不溶性化合物而去除的处理含重金属废水的方法，如 Cr（VI）复合功能菌。袁建军等利用构建的高选择型基因工程菌生物富集模拟电解废水中的汞离子，发现电解废水中重组菌富集汞离子的作用速率可以通过其他组分的存在增大，且该基因工程菌能在很宽的pH范围内有效地富集汞。但废水含重金属的浓度高，对微生物毒性大，此法有一定的局限性。不过，可以通过驯化、遗传工程或构造出具有特殊功能的菌株，使微生物处理重金属废水具有良好的应用前景。

（3）生物吸附法

近十年来，环境工程领域的一个研究热点是用生物经处理加工成生物吸附剂，用于处理含重金属的废水（这些生物如藻类、真菌、细菌、酵母等）。生物吸附法是利用生物体的成分特性及化学结构吸附溶于水中的金属离子。与其他方法相比具有以下优点：①生物吸附剂可以降解，不会发生二次污染。②容易获取、来源广泛且价格便宜。③生物吸附剂易解吸，可有效回收重金属离子。

生物吸附法是对于经过一系列生物化学作用使重金属离子被微生物细胞吸附的概括理解，这些作用包括配合、螯合、离子交换、吸附等。这些微生物从溶液中分离金属离子的机理有胞外富集、沉淀；细胞表面吸附或配合；胞内富集。其中细胞表面吸附或配合对死体或活性微生物都存在，而胞内和胞外的大量富集则往往要求微生物具有活性。许多研究表明活的微生物和死的微生物对重金属离子都有较大的吸附能力，作为生物吸附剂的生物源能够从低浓度的含重金属离子的水溶液中吸附重金属，且有实用价值的微生物容易获得。例如：发酵过程中的酵母菌是生物吸附剂很好的生物源，大量来自海洋中的藻类也是便宜的生物源。

（4）生物修复法

在生物体内，重金属有累积、富集的现象，且一些生物对特殊的重金属元素有明显的耐受性。鉴于这种特性，用生物对重金属废水进行富集、分离回收。由于生物处理具有成本相对较低，易于管理等特点，在低浓度重金属废水领域，生物修复法被认为是最具有发展前景的重金属废水处理技术。由于废水含重金属浓度高对生物具有毒害作用，所以一般用生物法处理低浓度重金属废水。厌氧微生物表面带有一定的负电性，是微生物去除重金属的作用机理，对重金属有较强的吸附性。由于生物吸附作用，残余废水中有很低的重金属离子浓度，并且微生物去除重金属的产泥与化学法等其他方法相比较低。

4.植物整治技术处理重金属废水

植物对重金属的吸收富集机理主要为两个方面：①利用植物发达的根系对重金属废水的吸收过滤作用，达到对重金属的富集和积累。②利用微生物的活性原则和重金属与微生物的亲和作用，把重金属转化为较低毒性的产物。通过收获或移去已积累和富集了重金属的植物的枝条，降低水中的重金属浓度，达到治理污染、修复环境的目的。

在植物整治技术中能利用的植物很多，有藻类植物、草本植物、木本植物等。其主要特点是对重金属具有很强的耐毒性和积累能力，不同种类植物对不同重金属具有不同的吸收富集能力，而且其耐毒性也各不相同。

（二）重金属废水处理技术

1.重金属废水生物制剂法深度处理与回用技术

酸性高浓度重金属废水是冶炼企业最常见的工业废水，水量大，成分复杂。

针对多金属复杂废水传统中和沉淀法稳定达标难、出水硬度高、回用难等问题，基于细菌代谢产物与功能基团嫁接技术，开发了深度净化铅、镉、汞、砷、锌等多金属离子的复合配位体水处理剂（生物制剂），发明了重金属废水生物制剂深度净化与回用一体化工艺。通过超强配合、强化水解和絮凝分离三个工艺单元实现重金属离子和钙离子同时高效净化。

2.重金属废水高密度泥浆法处理技术

石灰中和法被广泛应用于冶炼重金属废水的处理，工艺流程短，设备简单、成本低；但是生成的金属沉淀物沉降速度慢、结垢严重、同时产生大量的硫酸钙沉淀，其处理处置困难。常见的沉淀法有石灰乳沉淀法、石灰－铁（铝）盐法等。北京矿冶研究总院在引进的基础上研究出高浓度泥浆法（HDS）处理废水的技术，是常规低浓度石灰法（LDS）的革新和发展。与常规低密度石灰法（LDS）相比，高浓度泥浆法（HDS）具有以下特点：①高浓度泥浆法使石灰得到充分的利用，处理同体积量废水可减少石灰消耗5%～10%；②在原有废水处理设施基础上，将常规低浓度石灰法改为高浓度泥浆法，可提高水处理能力1～3倍，且技术改造简单，改造投资小；③高浓度泥浆法产生的污泥固含量高，通常污泥固含量可达20%～30%，同常规低浓度石灰法产生固含量约1%的污泥相比，污泥体积量大幅度减小，可节省大量的污泥处理处置费用或输送费用；④高浓度泥浆法能够大大减缓设备和管道结垢，常规低浓度石灰法通常一个月停产清垢一次，高浓度泥浆法一般一年清垢一次，可节省大量设备维护费用并提高了设备的运转率；⑤常规低浓度石灰法通常采用手动操作，高浓度泥浆法可实现全自动化操作，药剂的投加更加合理、准确，可有效降低运行费用。另外，高浓度泥浆法与电石渣－铁盐法配合使用，在高浓度泥浆法除去酸性废水中80%以上重金属离子后，加入电石渣乳液和铁盐可进一步除去废水中的砷、氟、重金属离子，处理后污水用过滤器过滤除去其中的悬浮物。北京矿冶研究总院已完成了多项HDS工艺工业试验、工程设计及项目实施，如江西铜业集团公司德兴铜矿废水处理站采用HDS工艺改造，铜化集团新桥铁矿废水处理站改造，新建葫芦岛锌厂污酸废水处理工程，德兴铜矿废水处理站改造等，废水处理系统净化水稳定达到《铅、锌工业污染物排放标准》（GB 25466-2010）的排放指标。

针对铅锌冶炼行业水资源调配控制、水重复利用、废水深度处理等需要，北京矿冶研究总院与中金岭南有色金属股份有限公司韶关冶炼厂共同成功研发出了成套的大型铅锌冶炼企业节水技术－酸性废水高浓度泥浆法处理技术和重金属废水膜法组合工艺深度处理技术，有效解决了我国在酸性重金属废水处理过程中污泥处理难、易结垢、操作维护不便、运行费用高、水回用率低等一系列共性问题。

高浓度泥浆法－膜法组合工艺的主要特点：①利用回流污泥粗颗粒化、晶体化能够增加底泥浓度、提高处理效率和防止管道设备结垢的机理，在国内首次进行了"高浓度泥浆法（HDS）"技术处理铅锌冶炼工业废水的研究和工程示范，开发出了相关的配套设备，同常规石灰法比较，可提高水处理能力1~2倍，缩小排泥体积10~20倍；②通过膜材料筛选和工艺集成优化，研发出了物化－膜法组合工艺深度处理铅锌冶炼废水技术，出水水质达到工业用新水要求；③采用"源头控制－过程调控－末端治理"相结合的方式，研究出大型铅锌冶炼企业"分质供水、水质安全保障和污水深度处理回用"综合节水集成技术，大幅提高了工业水重复利用率，显著地削减了污染物的排放量。

3.电絮凝法

絮凝是水处理过程最重要的物理化学过程之一，其中电絮凝是一种对环境二次污染较小的废水处理技术。以铝、铁等金属为阳极，在直流电的作用下，阳极被溶蚀，产生Al、Fe等离子，再经氧化过程，发展成为各种羟基配合物、多核羟基配合物以至氢氧化物，使废水中的胶态杂质、悬浮杂质凝聚沉淀而分离。电絮凝过程一般不需要添加化学药剂，设备体积小，占地面积少，操作简单灵活，污泥量少，后续处理简单。目前，对电镀及金属冶炼行业等产生重金属含量过高的废水可采用电絮凝法处理。电解处理过程中消耗电和极板，极板易于结垢，增加能耗；处理过程中会产生氧气和氢气，溶液pH升高；极板需要定期更换，极板使用率较低；产生的渣主要为氢氧化铁和氢氧化亚铁和重金属的沉淀。

电絮凝设备依据电解及电凝聚原理，对废水中污染物有氧化、还原、中和、凝聚、气浮分离等多种物理化学作用。重有色金属冶炼废水中不但含有多种重金属离子，而且还含有大量的硫酸根离子。废水进电絮凝装置前加入硫酸亚铁。硫酸亚铁是一种絮凝剂，在碱性条件下可以和其他重金属发生共沉淀，有利于其他重金属的去除。电凝聚设备保持一定的电压、电流，在铁极板表面产生Fe^{2+}，进入电凝聚设备的水被电解，生成初生态氧和氢，初生态的氧有极强的氧化作用，可去除废水中有机物，降低废水的COD，氢气可使污泥上浮。电凝聚设备阴极可以还原部分Pb^{2+}、Cu^{2+}、Zn^{2+}；另外，Pb^{2+}、Cu^{2+}、Zn^+与水中OH^-生成氢氧化物析出沉淀。废水进入电凝聚设备前加入$FeSO_4 \cdot 7H_2O$除起到还原剂作用外，还起到无机低分子絮凝剂的作用，水解过程的中间产物与不同离子结合形成羟基多核络合物或无机高分子化合物，沉降或悬浮。铁阳极电解过程中，Fe^{3+}参与$FeSO_4 \cdot 7H_2O$水解，羟基多核配合物生成，成为活性聚凝体，对污染物进行吸附凝聚作用。电解过程中，电压达到一定值时，使水电解，生成初生态氧和氢，除对水中正、负离子起氧化和还原作用外，小气泡能吸附废水中的小絮凝物，起到气浮作用。为克服电絮凝法的不足，电凝聚设备内设置有一套自动化高效除垢装置。在处理废水过程中，除垢装置连续运转，随时清除附着在极板上的污垢，保证极板表面清洁无垢，消除了极板极化（钝化）现象；同时搅动废水，保证了电解反应高效率进行。

（三）烟气洗涤污酸处理技术

目前有色冶炼烟气洗涤污酸废水的净化处理多采用化学沉淀法，仅仅是基本实现达标排放。化学沉淀法除了产生大量中和渣以外，还存在重金属排放总量大、出水中钙及碱度升高、废水回用困难等问题。亟须研发污酸废水的资源化处理利用技术。双极膜电渗析技术作为一种新型的膜分离技术，可以实现资源利用的最大化并消除环境污染，在污酸废水回收有价金属领域表现出较大的应用潜力。

烟气制酸产生的污酸废水中砷的浓度高、危害性最大，污酸废水中的砷以亚砷酸为主，这也最难处理，因此国内污酸废水的处理工艺主要以除砷为目的。目前国内处理污酸废水的方法主要有中和法、硫化法－中和法、中和－铁盐共沉淀法。对含砷浓度极高的废水，采用硫化钠脱砷，再与厂内其他废水混合后一并中和处理，对含砷浓度较低的废水一般采用石灰－铁盐共沉淀法。

1.中和沉淀法

在污酸废水中投加碱中和剂，使污酸废水中重金属离子形成溶解度较小的氢氧化物或碳酸盐沉淀而去除，特点是在去除重金属离子的同时能中和污酸废水及其混合液。通常采用碱石灰（CaO）、消石灰 [$Ca(OH)_2$]、飞灰（石灰粉，CaO）、白云石（$CaO \cdot MgO$）等石灰类中和剂，价格低廉，可去除汞以外的重金属离子，工艺简单，处理成本低。目前污酸废水中和工艺主要有两段中和法和三段逆流石灰法，投加石灰乳反应时控制好酸度，可使产生的 $CaSO_4$ 质量达到用户要求，可以作为石膏出售。污酸废水中的氟以氢氟酸形态溶于水中，氢氟酸与石灰乳反应后以氟化钙的形式沉淀下来，从而除去氟。

单一的石灰中和法不能将污酸废水中砷和汞脱除到国家排放标准，尤其是污酸废水中存在多种重金属离子的情况下，中和沉淀法更难以使多种重金属脱除到稳定达标程度，因此一般采用中和法与硫化法或铁盐沉淀法联用。

2.硫化－中和法

硫化法是利用可溶性硫化物与重金属反应，生成难溶硫化物，将其从污酸废水中除去。硫化渣中砷、镉等含量大大提高，在去除污酸废水中有毒重金属的同时实现了重金属的资源化。

3.铁盐－中和法

利用石灰中和污酸废水并调节 pH，利用砷与铁生成较稳定的砷酸铁化合物，氢氧化铁与砷酸铁共同沉淀这一性质将砷除去。铁的氢氧化物具有强大的吸附和絮凝能力的特性，可达到去除污酸废水中砷、镉等有害重金属的目的。提高pH将污酸废水的重金属离子以氢氧化物的形式脱除。

4.铁盐－氧化－中和法

利用$FeAsO_4$比$FeAsO_3$更稳定的性质，当废水中的砷含量较高，超过200mg/L，甚至达到1000mg/L以上，且砷在废水中又以三价为主时，通常采用氧化法将三价砷氧化成五价砷，常用的氧化药剂有漂白粉、次氯酸钠，常用的氧化方法有鼓入空气氧化等方法，再利用铁盐生成砷酸铁共沉淀法除砷。氧化反应分别使Fe^{2+}氧化成Fe^{3+}，As^{3+}氧化成As^{5+}，然后生成铁盐共沉淀。

（四）氧化铝生产污水循环利用技术

氧化铝生产具有巨大的水循环系统，为废水的处理提供了重要条件。应通过排水系统的改造，把生产过程中的各种污水进行分类处理：①生活污水集中排入中水处理系统经处理后再循环使用；②较高碱浓度的生产污水应根据碱浓度的高低，分类回收入生产流程；③较低碱浓度的污水可进入循环水系统，可采用适当方式进行利用。

氧化铝工业废水以碱污染为主，对生产废水设置循环水系统，各种小型、分散设备间接冷却排水均作为净循环水系统的补充水，循环水系统的排污水排入污水处理厂处理，处理后的水用于拜尔法种子分解中间的降温和热电厂锅炉冲渣、除尘，可以使氧化铝工业生产的工业用水和排水实现封闭循环，实现废水零排放，避免碱的流失和污染。

（五）有色工业综合节水管理技术

目前有色企业在污染治理方面存在以下问题：一是对环境污染没有统筹考虑来制订系统的调控治理方案；二是对区域性污染如何进行系统优化管理缺乏指导思想、技术路线和工作程序，即缺乏有色企业节水治污优化管理方法学，造成了大量水资源的浪费，并增加了末端处理负荷。通过系统工程理论和清洁生产审核方法研究冶炼企业"用水－回水—排水"节水途径和最佳方案，为企业综合节水治污提供依据。有色工业综合节水管理技术根据清洁生产的原理，从源头削减废水的产生、减少废水的排放并提高综合废水利用率，提出了废水优化管理方法，包括技术路线和工作程序。该技术体现从源头抓起，全过程控制，统筹集成的思想，与目前单纯治理、局部利用的方法有根本性的区别。废水优化管理技术路线框架主要包括5个部分，即：主要污染状况分析；制订污染物系统优化调控的整体研究框架；节水治污优化集成技术研究，即优化管理技术—处理技术－回用技术的全过程系统研究；确定工程措施和方案；对工程实施后效果进行技术、经济和工程质量等系统评价。这5个部分各自独立，又互相联系，由前至后构成了一个完整的技术网络体系^①。

---

① 马幼平，崔春娟.金属凝固理论及应用技术 [M].北京：冶金工业出版社，2015.

参考文献

[1] 徐世海.高碳锰铁冶炼的工艺控制研究 [J].冶金管理，2021 (17)：5-6.

[2] 崔志强，倪海涛，邓莹.浅谈有色冶金的技术现状与发展 [J].广州化工，2014 (17)：43-44，126.

[3] 张密.冶金工程设计的发展策略探究 [J].山东工业技术，2017，(19)：88.

[4] 黄润，陈朝轶.浅析冶金工程专业人才培养现状 [J].云南化工，2017，(07)：113-115.

[5] 张寿荣，于仲洁.中国炼铁技术60年的发展 [J].钢铁，2014，49 (07)：8-14.

[6] 李维国.中国炼铁技术的发展和当前值得探讨的技术问题 [J].宝钢技术，2014，(02)：1-17.

[7] 郭培民，赵沛，庞建明，曹朝真.熔融还原炼铁技术分析 [J].钢铁钒钛，2009，30 (03)：1-9.

[8] 范耀煌，崔先云.浅谈低磷高碳锰铁的生产方法 [J].铁合金，2020，51 (06)：10-14.

[9] 崔先云，范耀煌，袁国华，周魁龙，叶乐.33 MVA全密闭矿热炉控温炉衬冶炼高碳锰铁生产实践 [J].铁合金，2020，51 (03)：4-10.

[10] 姜松，刘毅.高碳锰铁避峰生产模式初探 [C].中国金属学会铁合金分会.第27届全国铁合金学术研讨会论文集.内蒙古纳顺装备工程（集团）有限公司：中国金属学会，2019：38-39.

[11] 王璐.高碳锰铁冶炼的工艺控制浅析 [C].上海宝冶集团有限公司、内蒙古纳顺装备工程（集团）有限公司.上海宝冶集团有限公司：中国金属学会，2019：40-42.

［12］徐阳，胡国杰，陈英梅.基于模糊层次分析法的冶金工程项目施工建设风险评价［J］.时代经贸，2018（12）：45-46.

［13］张福明，颉建新.冶金工程设计的发展现状及展望［J］.钢铁建材应用发展，2014，49（7）：41-48.

［14］唐敦成，焦建军，张旭东.有色金属矿产资源勘查的相关方法探讨［J］.民营科技，2016（2）：15-16.

［15］陈征.有色金属冶金与环保［J］.冶金管理，2020（19）：136-137.

［16］陈静.应用型高校虚拟仿真实践教学模式的研究［J］.农村经济与科技，2020，31（10）：342-343.

［17］叶柳，汪洪，李爱侠，等.大学物理实验教学的改革和尝试［J］.大学物理实验，2019，32（1）：123-127.

［18］侯彦庆.计算机仿真技术的应用与发展趋势［J］.信息通信，2016（2）：181-182.

［19］杨文强，夏文堂，尹建国，袁晓丽.虚拟仿真在有色金属冶金方向实践教学中的应用［J］.中国冶金教育，2021（02）：83-84+88.

［20］李生智.金属压力加工概论［M］.北京：冶金工业出版社，1984.

［21］范晓明.金属凝固理论与技术［M］.武汉：武汉理工大学出版社，2019.

［22］马幼平，崔春娟.金属凝固理论及应用技术［M］.北京：冶金工业出版社，2015.

［23］陈曦，代文彬，陈学刚，祁永峰，王书晓.有色冶金渣的资源化利用研究现状［J］.有色冶金节能，2022，38（05）：9-15.

［24］黄龙，孙文亮，徐建炎，陈宋璇，冯卫华.有色冶金氨氮废水处理技术研究进展［J］.中国有色冶金，2020，49（02）：73-76.

［25］杨晓松，陈国强，邵立南，孙超.有色冶金废渣处理处置技术及发展趋势［J］.有色金属（冶炼部分），2021（03）：31-35.

［26］帅三三，温烁凯，郭锐，王江，任忠鸣.磁场下金属凝固过程形核行为的研究现状［J］.铸造技术，2022，43（09）：699-712.

［27］郭涛铭，冯志禹，徐俊哲，鞠昊言，水丽.金属快速凝固冷却装置及其实验应用［J］.机械管理开发，2022，37（01）：55-57.

［28］胡世平，陈乐平，周全，王俊.物理场对金属凝固组织影响的研究进展［J］.特种铸造及有色合金，2018，38（07）：717-720.

［29］王小朋，赵智强，吕少伟，刘时.浅谈宏观检验在金属压力容器定期检验中的重要性［J］.山东化工，2023，52（02）：185-187+190.

［30］杨金平.金属压力加工张力控制问题及对策研究［J］.冶金管理，2022

（03）：22-24.

[31] 莫中凯.有色金属冶金工艺智能集成建模的软约束调整及锌电解综合优化控制技术 [J].湿法冶金，2020，39（05）：440-444.

[32] 张燕斌，林华国，巩翠新.有色金属真空冶金的技术分析 [J].冶金与材料，2019，39（05）：174+176.

[33] 李仲轩.有色金属冶金与环保 [J].中小企业管理与科技（上旬刊），2019（05）：176-177.